职业教育机电类专业课程改革创新规划教材

电动机控制线路安装与检修

杨杰忠　乔晶涛　蒋智忠　主　编
李仁芝　屈远增　邹火军　副主编

U0216736

电子工业出版社

Publishing House of Electronics Industry

北京·BEIJING

内 容 简 介

本书是依据《国家职业技能标准 维修电工》中级工的知识要求和技能要求，按照岗位培训需要的原则编写的。本书以任务驱动教学法为主线，以应用为目的，以具体的任务为载体，介绍了三相笼型异步电动机正转控制线路的安装与检修、三相笼型异步电动机正反转控制线路的安装与检修、位置控制与顺序控制线路的安装与检修、三相笼型异步电动机减压启动控制电路的安装与检修、三相笼型异步电动机制动控制电路的安装与检修、多速异步电动机制动控制电路的安装与检修、三相绕线式异步电动机控制电路的安装与检修。

本书可作为技工院校、职业院校及成人高等院校、民办高校的机电技术应用专业、电气自动化专业、电气运行与控制等相关专业一体化教材，也可作为维修电工中级工的培训教材。

图书在版编目（CIP）数据

电动机控制线路安装与检修 / 杨杰忠，乔晶涛，蒋智忠主编. —北京：电子工业出版社，2015.8
职业教育机电类专业课程改革创新规划教材

ISBN 978-7-121-27064-2

Ⅰ.①电… Ⅱ.①杨… ②乔… ③蒋… Ⅲ.①电动机－控制电路－安装－中等专业学校－教材
②电动机－控制电路－检修－中等专业学校－教材 Ⅳ.①TM320.12

中国版本图书馆 CIP 数据核字（2015）第 206383 号

策划编辑：张　凌
责任编辑：夏平飞
印　　刷：三河市华成印务有限公司
装　　订：三河市华成印务有限公司
出版发行：电子工业出版社
　　　　　北京市海淀区万寿路 173 信箱　邮编　100036
开　　本：787×1 092　1/16　印张：13.5　字数：331 千字
版　　次：2015 年 8 月第 1 版
印　　次：2024 年 2 月第 11 次印刷
定　　价：29.00 元

前　言

为贯彻全国职业技术学校坚持以就业为导向的办学方针，实现以课程对接岗位、教材对接技能的目的，更好地适应"工学结合、任务驱动模式"教学的要求，满足项目教学法的需要，特编写此书。本书的编写指导思想明确，坚持以达到国家职业技能鉴定标准和就业能力为目标，以专业（工种）的工作内容为主线，以工作任务为引领，由浅入深，循序渐进，精简理论，突出核心技能和实操能力，使理论和实践融为一体，充分体现"教"、"学"、"做"合一的教学思想。

本书共分为七个项目，即三相笼型异步电动机正转控制线路的安装与检修；三相笼型异步电动机正反转控制线路的安装与检修；位置控制与顺序控制线路的安装与检修；三相笼型异步电动机减压启动控制电路的安装与检修；三相笼型异步电动机制动控制电路的安装与检修；多速异步电动机制动控制电路的安装与检修；三相绕线式异步电动机控制电路的安装与检修。每个项目又划分为不同的任务。在任务的选择上，以典型的工作任务为载体，坚持以能力为本位，重视实践能力的培养；在内容的组织上，整合相应的知识和技能，实现理论和操作的统一，有利于实现"理实一体化"教学，充分体现了认知规律。

本书是在充分吸收国内外职业教育先进理念的基础上，总结了众多学校一体化教学改革的经验，集众多一线教师多年的教学经验和企业实践专家的智慧完成的。在编写过程中，力求实现内容通俗易懂，既方便教师教学，又方便学生自学。特别是在操作技能部分，图文并茂，侧重于对电路安装完成后的学生自检过程、通电试车过程和故障检修内容的细化，以提高学生在实际工作中分析问题和解决问题的能力，实现职业教育与社会生产实际的紧密结合。

本书在编写过程中得到了广西柳州钢铁集团、上汽通用五菱汽车有限公司、柳州九鼎机电科技有限公司的同行们的大力支持，在此一并表示感谢。

由于编者水平有限，书中若有错漏和不妥之处，恳请读者批评指正。

编　者

目　　录

项目 1 三相笼型异步电动机

正转控制线路的安装与检修

任务 1　手动控制三相笼型异步电动机正转控制电路的安装与检修

知识目标：

1. 掌握低压开关、低压断路器和熔断器等低压电器的结构、用途及工作原理和选用原则。
2. 正确理解三相笼型异步电动机手动正转控制电路的工作原理。
3. 能正确识读手动正转控制电路的原理图、接线图和布置图。

能力目标：

1. 会按照工艺要求正确安装三相笼型异步电动机手动控制正转电路。
2. 初步掌握三相笼型异步电动机手动正转控制电路中运用的低压电器选用方法与简单检修。
3. 能根据故障现象，检修三相笼型异步电动机点动正转控制电路。

素质目标：

养成独立思考和动手操作的习惯，培养小组协调能力和互相学习的精神。

 工作任务

本次工作任务就是通过学习掌握低压开关、低压断路器和熔断器等低压电器的结构、用途及工作原理和选用原则，同时掌握三相笼型异步电动机手动正转控制线路的安装与检修。如图 1-1-1 所示是三相笼型异步电动机的手动正转控制。

 相关知识

一、常用的低压电器

根据工作电压的高低，电器可分为高压电器和低压电器。通常把工作在交流额定电压 1200V 及以下、直流 1500V 及以下的电器称为低压电器。低压电器作为一种基本器件，广泛应用于输配电系统和电力拖动系统中，在实际生产中起着非常重要的作用。

(a)开启式负荷开关控制   (b)组合开关控制

图 1-1-1 三相笼型异步电动机的手动正转控制

1. 低压电器的分类

低压电器的种类繁多，分类方法也很多，常见的分类方法见表 1-1-1。

表 1-1-1 低压电器常见的分类方法

分类方法	类别	说明及用途
按用途和控制对象分	低压配电电器	包括低压开关、低压熔断器等，主要用于低压配电系统及动力设备中
	低压控制电器	包括接触器、继电器、电磁铁等，主要用于电力拖动及自动控制系统中
按动作方式分	自动切换电器	依靠电器本身参数的变化或外来信号的作用，自动完成接通或分断等动作的电器，如接触器、继电器等
	非自动切换电器	主要依靠外力（如手控）直接操作来进行切换的电器，如按钮、低压开关等
按执行机构分	有触头电器	具有可分离的动触头和静触头，主要利用触头的接触和分离来实现电路的接通和断开控制，如接触器、继电器等
	无触头电器	没有可分离的触头，主要利用半导体元器件的开关效应来实现电路的通断控制，如接近开关、固态继电器等

2. 低压电器的常用术语

低压电器的常用术语见表 1-1-2。

表 1-1-2 低压电器的常用术语

常用术语	常用术语的含义
通断时间	从电流开始在开关电器的一个极流过的瞬间起，到所有极的电弧最终熄灭的瞬间为止的时间间隔
燃弧时间	电器分断过程中，从触头断开（或熔体熔断）出现电弧的瞬间开始，至电弧完全熄灭为止的时间间隔
分断能力	开关电器在规定的条件下，能在给定的电压下分断的预期分断电流值
接通能力	开关电器在规定的条件下，能在给定的电压下接通的预期接通电流值
通断能力	开关电器在规定的条件下，能在给定的电压下接通和分断的预期电流值
短路接通能力	在规定的条件下，包括开关电器的出线端短路在内的接通能力
短路分断能力	在规定的条件下，包括开关电器的出线端短路在内的分断能力
操作频率	开关电器在每小时内可能实现的最高循环操作次数
通电持续率	开关电器的有载时间和工作周期之比，常以百分数表示
电寿命	在规定的正常工作条件下，机械开关电器不需要修理或更换的负载操作循环次数

在此仅就与本任务有关的低压开关和熔断器进行介绍。

二、低压开关

低压开关主要作隔离、转换及接通和分断电路用，多数用作机床电路的电源开关和局部照明电路的开关，有时也可用来直接控制小容量电动机的启动、停止和正反转。低压开关一般为非自动切换电器，常用的有开启式负荷开关、封闭式负荷开关、组合开关和低压断路器。

1. 开启式负荷开关

开启式负荷开关又称为瓷底胶盖刀开关，简称闸刀开关。生产中常用的是 HK 系列开启式负荷开关，适用于交流频率 50Hz、额定电压单相 220V 或三相 380V、额定电流 10A 至 100A 的照明、电热设备及小容量电动机控制电路中，供手动和不频繁接通和分断电路，并起短路保护。

（1）结构及符号。HK 系列负荷开关由刀开关和熔断器组合而成，其结构及符号如图 1-1-2 所示。

(a)外形   (b)结构   (c)符号

图 1-1-2 HK 系列负荷开关

（2）型号及含义。开启式负荷开关的型号及含义如下。

HK□-□/□
极数
额定电流
设计序号
开启式负荷开关

 HK 开启式负荷开关用于一般的照明电路和功率小于 5.5kW 的电动机控制线路中。但这种开关没有专门的灭弧装置，其刀式动触头和静夹座易被电弧灼伤引起接触不良，因此不宜用于操作频繁的电路。

2. 封闭式负荷开关

封闭式负荷开关是在开启式负荷开关基础上改进设计的一种开关，其灭弧性能、操作性能、通断能力、安全防护性能等都优于闸刀开关。HH3 系列封闭式负荷开关如图 1-1-3 所示。

图 1-1-3　HH3 系列封闭式负荷开关

（1）结构及符号。铁壳开关主要由触头系统（包括动触刀和静夹座）、操作机构（包括手柄、转轴、速断弹簧）、熔断器、灭弧装置和外壳构成。封闭式负荷开关的结构及符号如图 1-1-4 所示。

(a)结构　　　　　　　(b)符号

图 1-1-4　封闭式负荷开关

　　HH 系列铁壳开关的触头和灭弧有两种形式，一种是双断点楔形转动式触头，其动触刀为固定在方形绝缘转轴上的 U 形双刀片，静夹座固定在瓷质 E 形灭弧室上，两断口间还隔有瓷板；另一种是单断点楔形触头，其结构与一般闸刀开关相仿，灭弧室由钢纸板夹上去的离子栅片构成。

　　（2）型号及含义。封闭式负荷开关的型号及含义如下。

　　目前，由于封闭式负荷开关的体积大，操作费力，使用有逐步减少的趋势，取而代之的是大量使用的低压断路器。

3．组合开关

组合开关又称转换开关，它的操作手柄可以沿着平行于其安装面的平面内顺时针或逆时针转动。它具有多触头、多位置、体积小、性能可靠、操作方便、安装灵活等特点，适用于交流频率 50Hz、额定电压 380V 以下、或直流 220V 及以下的电气线路中，用于手动不频繁地接通和分断电路、换接电源和负载，或控制 5kW 以下小容量电动机的直接启动、停止和正反转。组合开关的种类很多，常用的有 HZ5、HZ10、HZ15 等系列。

（1）结构及符号。转换开关按操作机构可分为无限位型和有限位型两种，其结构略有不同。如图 1-1-5 所示是 HZ10-10/3 型组合开关的结构及符号。

图 1-1-5　HZ10-10/3 型组合开关

（2）型号及含义。组合开关的型号及含义如下。

4．低压断路器

低压断路器又叫自动空气开关或自动空气断路器，简称断路器。它集控制和多种保护功能于一体，在线路工作正常时，它作为电源开关不频繁地接通和分断电路；当电路中发生短路、过载和失压等故障时，它能自动跳闸切断故障电路，保护线路和电气设备。

低压断路器具有操作安全、安装使用方便、工作可靠、动作值可调、分断能力较强、兼作多种保护、动作后不需要更换元器件等优点，因此得到广泛应用。如图 1-1-6 所示是几种常见的低压断路器。

（1）结构及符号。低压断路器主要由触头、灭弧装置、操作机构、热脱扣器、电磁脱扣器及绝缘外壳等部分组成。如图 1-1-7 所示为 DZ5 系列低压断路器的结构及符号。

（2）低压断路器的工作原理。在电力拖动系统中常用的是 DZ 系列塑壳式低压断路器，下面以 DZ5-20 型低压断路器为例介绍低压断路器的工作原理。如图 1-1-8 所示是低压断路器工作原理示意图。

(a) DZ5系列塑壳式　　(b) DZ15系列塑壳式　　(c) NH2-100隔离开关

(d) DW15系列万能式　　(e) DW16系列万能式　　(f) DZL18漏电断路器

图 1-1-6　常见的低压断路器

(a)结构　　　　　　　　　　　　　(b)符号

图 1-1-7　DZ5 系列低压断路器

1—动触头；2—静触头；3—锁扣；4—搭钩；5—转轴座；6—电磁脱扣器；7—杠杆；
8—电磁脱扣器衔铁；9—拉力弹簧；10—欠压脱扣器衔铁；11—欠压脱扣器；
12—双金属片；13—热元器件；14—接通按钮；15—停止按钮；16—压力弹簧

图 1-1-8　低压断路器工作原理示意图

按下绿色"合"按钮时，外力使锁扣克服反作用弹簧力，将固定在锁扣上面的静触头与动触头闭合，并由锁扣锁住搭钩使静触头与动触头保持闭合，开关处于接通状态。

当线路发生过载时，过载电流流过热元器件，电流的热效应使双金属片受热向上弯曲，通过杠杆推动搭扣与锁扣脱扣，在弹簧力的作用下，动、静触头分断，切断电路，完成过流保护。

当电路发生短路故障时，短路电流使电磁脱扣器产生很大的磁力吸引衔铁，衔铁撞击杠杆推动搭扣与锁扣脱扣，切断电路，完成短路保护。一般电磁脱扣的整定电流，低压断路器出厂时定为 $10I_N$（I_N 为断路器的额定电流）。

当电路欠压时，欠压脱扣器上产生的电磁力小于拉力弹簧上的力，在弹簧力的作用下，衔铁松脱，衔铁撞击杠杆推动搭扣与锁扣脱扣，切断电路，完成欠压保护。

（3）型号及含义。低压断路器的型号及含义如下。

DZ5 系列低压断路器适用于交流 50Hz、额定电压 380V、额定电流至 50A 的电路中，保护电动机用断路器用于电动机的短路和过载保护；配电用断路器在配电网络中用来分配电能和作为线路及电源设备的短路和过载保护之用；也可分别作为电动机不频繁启动及线路的不频繁转换之用。

三、低压熔断器

低压熔断器是低压配电系统和电力拖动系统中的保护电器。如图 1-1-9 所示是几种常用的低压熔断器外形。在使用时，熔断器串接在所保护的电路中，当该电路发生过载或短路故障时，通过熔断器的电流达到或超过了某一规定值，以其自身产生的热量使熔体熔断而自动切断电路，起到保护作用。电气设备的电流保护有过载延时保护和短路瞬时保护两种主要形式。

(a) 瓷插式   (b) RL1、RLS 系列螺旋式   (c) RM10 系列无填料封闭管式

(d) RT18 系列圆筒帽形   (e) RT15 系列螺栓连接   (f) RT0 系列有填料封闭管式

图 1-1-9　几种常用的低压熔断器

1．结构及符号

熔断器主要由熔体、安装熔体的熔管和熔座三部分组成。熔体是熔断器的核心，常做成丝状、片状或栅状，制作熔体的材料一般有铅锡合金、锌、铜、银等，根据受保护的要求而定。熔管是熔体的保护外壳，用耐热绝缘材料制成，在熔体熔断时兼有灭弧作用。熔座是熔断器的底座，作用是固定熔管和外接引线。如图 1-1-10 所示为 RL6 系列螺旋式低压断路器的结构及符号。

(a)结构　　　　　　　　(b)符号

图 1-1-10　　RL6 系列螺旋式低压断路器

2．型号及含义

熔断器型号及含义如下。

熔体额定电流(A)

熔断器额定电流(A)

设计代号

形式：C—瓷插式；L—螺旋式；M—无填料密封管式；
T—有填料密封管式；S—快速式；Z—自复式

R—熔断器

如型号 RC1A-15/10 中，R 表示熔断器，C 表示瓷插式，设计代号为 1A，熔断器的额定电流为 15A，熔体的额定电流为 10A。

3．熔断器的主要技术参数

（1）额定电压。是指熔断器长期工作所能承受的电压。如果熔断器的实际工作电压大于其额定电压，熔体熔断时可能会发生电弧不能熄灭的危险。

（2）额定电流。是指保证熔断器能长期正常工作的电流，是由熔断器各部分长期工作时的允许温升决定的。

（3）分断能力。在规定的使用和性能条件下，在规定电压下熔断器能分断的预期分断电流值。常用极限分断电流值来表示。

（4）时间—电流特性。也称为安—秒特性或保护特性，是指在规定的条件下，表征流过熔体的电流与熔体熔断时间的关系曲线。

四、手动正转控制线路的工作原理

如图 1-1-11 所示的三相交流异步电动机手动正转控制线路是由三相电源 L1、L2、L3，开启式负荷开关（或封闭式负荷开关、组合开关、低压断路器），熔断器和三相交流异步电动机构成的。当开启式负荷开关 QS（或 QF）闭合时，三相电源经开启式负荷开关（或封闭式负荷开关、组合开关、低压断路器）、熔断器流入电动机，电动机运转；断开 QS（或 QF），三相电源断开，电动机停转。

(a)用开启式负荷开关控制   (b)用封闭式负荷开关控制

(c)用组合开关控制   (d)用低压断路器控制

图 1-1-11　三相笼型异步电动机手动正转控制线路

 任务准备

实施本任务教学所使用的实训设备及工具材料可参考表 1-1-3。

表 1-1-3　实训设备及工具材料

序号	名称	型号规格	数量	单位	备注
1	电工常用工具		1	套	
2	万用表	MF47 型	1	块	
3	三相四线电源	～3×380/220V，20A	1	处	
4	三相笼型异步电动机	Y112M-4，4kW、380V、Y接法；或自定	1	台	
5	配线板	500mm×600mm×20mm	1	块	
6	开启式负荷开关	HK1-30/3，380V，30A，熔体直连	1	只	
7	组合开关	HZ10-25/3	1	只	
8	封闭式负荷开关	HH4-30/3，380V，30A，配 20A 熔体	1	只	
9	低压断路器	DZ5-20/330，复式脱扣器，380V，20A，整定 10A	1	只	
10	瓷插式熔断器	RC1A-30/20，380V，30A，配 20A 熔体	1	只	
11	木螺钉	ϕ3×20mm；ϕ3×15mm	30	个	

续表

序号	名称	型号规格	数量	单位	备注
12	平垫圈	$\phi 4$mm	30	个	
13	线号笔	自定	1	支	
14	主电路导线	BVR-1.5，1.5mm^2（7×0.52mm）（黑色）	若干	m	
15	控制电路导线	BV-1.0，1.0mm^2（7×0.43mm）	若干	m	
16	按钮线	BV-0.75，0.75mm^2	若干	m	
17	接地线	BVR-1.5，1.5mm^2（黄绿双色）	若干	m	
18	劳保用品	绝缘鞋、工作服等	1	套	
19	接线端子排	JX2-1015，500V、10A、15节或配套自定	1	条	

 任务实施

一、低压熔断器的识别

在教师的指导下，仔细观察各种不同系列、规格的低压熔断器，并熟悉它们的外形、结构、型号规格及技术参数的意义。

教师事先用胶布将要识别的 5 只低压熔断器的型号规格盖住，由学生根据实物写出各低压熔断器的系列名称、型号、文字符号，并画出图形符号，填入表 1-1-4 中。

表 1-1-4　低压熔断器的识别

序号	系 列 名 称	型 号 规 格	文 字 符 号	图 形 符 号	主 要 结 构
1					
2					
3					
4					
5					

二、手动正转控制线路的安装与检修

1．绘制元器件布置图

元器件布置图是根据电器元件在控制板上的实际安装位置，采用简化的外形符号（如正方形、矩形、圆形等）而绘制的一种简图。它不表达各电器的具体结构、作用、接线情况以及工作原理，主要用于电器元件的布置和安装。图中各电器的文字符号必须与电路图和接线图的标注相一致。如图 1-1-12 所示是 4 种三相交流异步电动机手动控制正转电路的元器件布置图。

2．绘制接线图

接线图是根据电气设备和电器元件的实际位置和安装情况绘制的，只用来表示电气设备和电器元件的位置、配线方式和接线方式，而不明显表示电气动作原理。主要用于安装接线、线路的检查维修和故障处理。绘制、识读接线图应遵循以下原则。

（1）接线图中一般示出如下内容：电气设备和电器元件的相对位置、文字符号、端子号、导线号、导线类型、导线截面积、屏蔽和导线绞合等。

(a)开启式负荷开关控制电路元器件布置图　(b)封闭式负荷开关控制电路元器件布置图

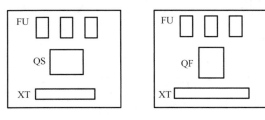

(c)组合开关控制电路元器件布置图　(d)低压断路器控制电路元器件布置图

图 1-1-12　三相交流异步电动机手动控制正转电路的元器件布置图

（2）所有的电气设备和电器元件都按其所在的实际位置绘制在图纸上，且同一电器的各元器件根据其实际结构，使用与电路图相同的图形符号画在一起，并用点画线框上，其文字符号以及接线端子的编号应与电路图中的标注一致，以便对照检查接线。

（3）接线图中的导线有单根导线、导线组（或线扎）、电缆等之分，可用连续线和中断线来表示。凡导线走向相同的可以合并，用线束来表示，到达接线端子板或电器元件的连接点时再分别画出。在用线束来表示导线组、电缆等时可用加粗的线条表示，在不引起误解的情况下也可采用部分加粗。另外，导线及管子的型号、根数和规格应标注清楚。

根据绘制接线图的原则可绘制出 4 种三相交流异步电动机手动控制正转电路的接线图，如图 1-1-13 所示。

(a)开启式负荷开关控制电路接线图

图 1-1-13　三相交流异步电动机手动控制正转电路的接线图

(b)封闭式负荷开关控制电路接线图

(c)组合开关控制电路接线图

图 1-1-13　三相交流异步电动机手动控制正转电路的接线图（续）

(d)低压断路器控制电路接线图

图 1-1-13 三相交流异步电动机手动控制正转电路的接线图（续）

3．根据元器件布置图和接线图进行控制线路的安装和检修

1）开启式负荷开关控制电路的安装与检修

（1）根据元器件布置图和元器件外形尺寸在控制板上画线，确定安装位置。

（2）开启式负荷开关固定安装，如图 1-1-14 所示。

操作提示

开启式负荷开关必须垂直安装在控制屏或开关板上（见图 1-1-14），且合闸状态时手柄应朝上。不允许横装，更不允许倒装，以防发生误合闸事故。

（3）熔断器和接线端子排的固定安装。根据元器件布置图安装完毕后，开启式负荷开关控制电路元器件的配电盘如图 1-1-15 所示。

图 1-1-14 开启式负荷开关固定安装　　图 1-1-15 开启式负荷开关控制电路元器件安装后的配电盘

操作提示

① 用于安装使用的熔断器应完整无损，并标有额定电压、额定电流值。

② 熔断器安装时应保证熔体与夹头、夹头与夹座接触良好。瓷插式熔断器应垂直安装。螺旋式熔断器接线时，电源线应接在下接线座上，以保证能安全地更换熔管。

③ 熔断器内要安装合格的熔体，不能用多根小规格的熔体并联代替一根大规格的熔体。多级保护时，上一级熔断器的额定电流等级以大于下一级熔断器的额定电流等级两级为宜。

④ 更换熔体或熔管时，必须切断电源，尤其不允许带负荷操作，以免发生电弧灼伤。管式熔断器的熔体应用专用的绝缘插拔器进行更换。

⑤ 熔断器兼作隔离器件使用时，应安装在控制开关的电源进线端；若仅作短路保护，应装在控制开关的出线端。

（4）根据电气原理图和安装接线图进行板前配线。板前明线布线必须符合工艺要求。

资料卡片——板前明线布线工艺要求：

① 布线通道要尽可能少，同路并行导线按主、控电路分类集中，单层密排，紧贴安装面布线。

② 同一平面的导线应高低一致或前后一致，不能交叉。非交叉不可时，该根导线应在接线端子引出时就水平架空跨越，但必须走线合理。

③ 布线应横平竖直，分布均匀。变换走向时应垂直转向。

④ 布线时严禁损伤线芯和导线绝缘。

⑤ 布线顺序一般以接触器为中心，由里向外，由低至高，先控制电路，后主电路的顺序进行，以不妨碍后续布线为原则。

⑥ 在每根剥去绝缘层导线的两端套上编码套管。所有从一个接线端子（或接线桩）到另一个接线端子（或接线桩）的导线必须连续，中间无接头。

⑦ 导线与接线端子或接线桩连接时，不得压绝缘层、不反圈及不露铜过长。

⑧ 同一元器件、同一回路的不同接点的导线间距离应保持一致。

⑨ 一个电器元件接线端子上的连接导线不得多于两根，每节接线端子板上的连接导线一般只允许连接一根。

按照板前布线的工艺要求，根据图 1-1-13(a)所示接线图在图 1-1-15 所示的配电盘上进行布线，同时将剥去绝缘层的两端线头上，套上与电路图编号相一致的编码套管，板前布线如图 1-1-16 所示。

操作提示

① 在进行开启式负荷开关的接线时，应把电源进线接在静触头一边的进线座，负载接在动触头一边的出线座。

② 开启式负荷开关用作电动机的控制开关时，应将开关的熔体部分用铜导线直连，并在出线端另外加装熔断器作短路保护，如图 1-1-17 所示。

套上编号一致
的编码套管

图 1-1-16　板前布线

用铜导线直连

图 1-1-17　开启式负荷开关铜导线的直连

（5）连接电动机和保护接地线。首先连接电动机的电源线，然后连接电动机和所有电器元件金属外壳的保护接地线，安装方式如图 1-1-18 所示。

 操作提示

① 接至电动机的导线，必须穿在导线通道内加以保护，或采用坚韧的四芯橡皮线或塑料护套线进行临时通电校验。

② 接地线一般采用截面不小于 1.5mm^2 的铜芯线（BVR 黄绿双色）。

图 1-1-18　电动机电源线和保护接地线的安装

（6）自检。当线路安装完毕，必须检查所安装的电路是否正确可靠。检查方法及步骤如下：

① 按电路图或接线图从电源端开始，逐段核对接线及接线端子处线号是否正确，有无漏接、错接之处。检查导线接点是否符合要求，压接是否牢固。同时注意接点接触应良好，以避免带负载运转时产生闪弧现象。

② 用万用表检查线路的通断情况。检查时，应选用倍率适当的电阻挡，并进行校零，以防发生短路故障。对电路的检查，可将表棒分别依次搭在 U、L1，V、L2，W、L3 线端上，读数应为"0"。

③ 将电动机接线盒内的中性点的连接片断开，用兆欧表检查接入电动机定子绕组的三相电源线路的绝缘电阻的阻值应不得小于 $2\text{M}\Omega$，如图 1-1-19 所示。

（7）通电试车。自检无误后，在教师指导和监护下通电试车。通电试车的操作步骤如下：

① 接通三相电源 L1、L2、L3，并合上控制配电盘外的总电源开关，然后用验电笔进行验电。

② 合上开启式负荷开关后，观察电动机运行情况，当电动机运转平稳后，用钳形电流表测量三相电流是否平衡，如图 1-1-20 所示。

③ 通电试车完毕后，应切断电源，然后先拆除三相电源线，再拆除电动机线。

图 1-1-19　用兆欧表测量绝缘电阻　　　　图 1-1-20　钳形电流表测量三相电流是否平衡

操作提示

　　在通电试车操作过程中，若发现有异常现象，应立即停车，待排除故障后方可重新通电试车。

　　2）组合开关控制电路的安装与检修

　　组合开关控制电路的安装与检修可参照前述的操作步骤进行，在此仅介绍组合开关的安装与使用要求。

　　（1）HZ10 系列组合开关应安装在控制箱（或壳体）内，其操作手柄最好伸出在控制箱的前面或侧面。开关为断开状态时应使手柄在水平旋转位置。倒顺开关外壳上的接地螺钉应可靠接地。

　　（2）若需在箱内操作，开关最好装在箱内右上方，并且在它的上方不要安装其他电器，否则应采取隔离或绝缘措施。

　　（3）组合开关的通断能力较低，不能用来分断故障电流。

　　（4）当操作频率过高或负载功率因数较低时，应降低开关的容量使用，以延长其使用寿命。

　　3）封闭式负荷开关控制电路的安装与检修

　　封闭式负荷开关控制电路的安装与检修可参照前述的操作步骤进行，在此仅介绍其安装与使用要求。

　　（1）封闭式负荷开关必须垂直安装于无强烈震动和冲击的场合，安装高度一般离地不低于 1.3～1.5m，外壳必须可靠接地，并以操作方便和安全为原则。

　　（2）接线时，应将电源进线接在静夹座一边的接线端子上，负载引线接在熔断器一边的接线端子上，且进出线都必须穿过开关的进出线孔。

　　（3）在进行分合闸操作时，要站在开关的手柄侧，不准面对开关，以免因意外故障电流使开关爆炸，铁壳飞出伤人。

三、故障检修

　　手动正转控制线路常见故障及处理方法见表 1-1-5。

表 1-1-5　手动正转控制线路常见故障及处理方法

故 障 现 象	可 能 原 因	处 理 方 法
送电后，电动机不能启动	（1）熔体电流等级选择过小 （2）负载侧短路或接地 （3）熔体安装时受机械损伤	（1）更换熔体 （2）排除负载故障 （3）更换熔体
熔体未熔断，但电路不通	熔体或接线座接触不良	重新连接

 检查评议

对任务实施的完成情况进行检查，并将结果填入表 1-1-6。

表 1-1-6　任务测评表

序号	主要内容	考核要求	评分标准	配分	扣分	得分
1	元器件的识别	根据任务，写出熔断器的型号、文字符号、图形符号和主要结构	1.写错或漏写型号，每只扣 2 分 2.图形符号和文字符号，每错一个扣 2 分 3.主要结构错误，酌情扣分	20		
2	线路安装检修	根据任务，按照电动机基本控制线路的安装步骤和工艺要求，进行线路的安装与检修	1.按照图接线，不按图接线扣 10 分 2.元器件安装正确、整齐、牢固，否则一个扣 2 分 3.配线整齐美观，横平竖直、高低平齐，转角 90°，否则每处扣 2 分 4.线头长短合适，线耳方向正确，无松动，否则每处扣 1 分 5.配线齐全，否则一根扣 5 分 6.编码套管安装正确，否则每处扣 1 分 7.通电试车功能齐全，否则扣 40 分	70		
3	安全文明生产	劳动保护用品穿戴整齐；电工工具佩带齐全；遵守操作规程；尊重老师，讲文明礼貌；考试结束要清理现场	1. 操作中，违反安全文明生产考核要求的任何一项扣 2 分，扣完为止 2. 当发现学生有重大事故隐患时，要立即予以制止，并每次扣安全文明生产总分 5 分	10		
合　计						
开始时间：			结束时间：			

 问题及防治

在学生进行任务实施实训过程中，时常会遇到如下问题。

问题：在进行开启式负荷开关控制电路的安装时，容易将瓷底胶盖闸刀开关横装或倒装。

后果及原因：在进行开启式负荷开关控制电路的安装时，如果将瓷底胶盖闸刀开关横装或倒装，容易造成误合闸，造成触电事故。

预防措施：开启式负荷开关必须垂直安装在控制屏或开关板上（见图 1-1-14），且合闸状态时手柄应朝上。

知识拓展

电气图形符号的标准

我国采用的是国家标准 GB/T 4728.2~4728.13—1996~2000《电气简图用图形符号》中所规定的图形符号，文字符号标准采用的是 GB 7159—1987《电气技术中的文字符号制定通则》中所规定的文字符号。这些符号是电气工程技术的通用技术语言。

国家标准对图形符号的绘制尺寸没有作统一的规定，实际绘图时可按实际情况以便于理解的尺寸进行绘制，图形符号的布置一般为水平或垂直位置。

在电气图中，导线、电缆线、信号通路及元器件、设备引线均称为连接线。绘制电气图时，连接线一般应采用实线，无线电信号通路采用虚线，并且应尽量减少不必要的连接，避免线条交叉和弯折。对有直接电联系的交叉导线的连接点，应用小黑圆点表示；无直接电联系的交叉跨越导线则不画小黑圆点，如图 1-1-21 所示。

(a)交叉连接　　　　　　(b)交叉跨越

图 1-1-21　连接线的交叉连接与交叉跨越

任务 2　三相笼型异步电动机点动正转控制电路的安装与检修

知识目标：

1. 掌握按钮的结构、图形符号、文字符号及按钮颜色的意义。
2. 掌握交流接触器的结构、用途及工作原理和选用原则。
3. 正确理解三相笼型异步电动机点动正转控制电路的工作原理。
4. 能正确识读点动正转控制电路的原理图、接线图和布置图。

能力目标：

1. 掌握交流接触器的拆装方法及常见故障检修。
2. 会按照工艺要求正确安装三相笼型异步电动机点动正转控制电路。
3. 能根据故障现象，检修三相笼型异步电动机点动正转控制电路。

素质目标：

养成独立思考和动手操作的习惯，培养小组协调能力和互相学习的精神。

 工作任务

生产机械中常常需要频繁通断、远距离的自动控制，如电动葫芦中的起重电动机控制、车床拖板箱快速移动电动机控制等。按下按钮电动机就得电运转，松开按钮电动机就失电停转的控制方法，称为点动控制。如图 2-1-1 所示就是能实现频繁通断和远距离控制的点动控制线路。本次任务的主要内容是：完成对三相笼型异步电动机点动正转控制线路的安装与检修。

图 1-2-1　三相笼型异步电动机点动正转控制线路

 相关知识

一、识读电路图

电路图是根据生产机械运动形式对电气控制系统的要求，采用国家统一规定的电气图形符号和文字符号，按照电气设备和电器的工作顺序排列，详细表示电路、设备或成套装置的全部基本组成和连接关系的一种简图，它不涉及电器元件的结构尺寸、材料选用、安装位置和实际配线方法。

1．电路图的特点

电路图能充分表达电气设备和电器的用途、作用及线路的工作原理，是电气线路安装、检修和维修的理论依据。

2．绘制和识读电路图的原则

电路图一般分为电源电路、主电路和辅助电路三部分。这三部分与电器元件的符号和电路图中的标号在绘制和识读电路图时，应遵循以下原则。

（1）电源电路。电源电路一般画成水平线，三相交流电源相序 L1、L2、L3 自上而下依次画出，中线 N 和保护地线 PE 则应画在相线之下。直流电源的"+"端画在上边，"−"端在下边画出。电源开关要水平画出，如图 1-2-1 所示电路中组合开关 QS 作为电源的隔离开关。

（2）主电路。主电路是指受电的动力装置及控制、保护电器的支路等。它是电源向负载提供电能的电路，它主要由主熔断器、接触器的主触头、热继电器的热元器件以及电动机等组成。如图 1-2-2 所示就是点动正转控制线路的主电路，它由熔断器 FU1、接触器主触头 KM 和电动机 M 组成。线号用大写字母表示，如 U、V、W、U1、U11 等。

主电路通过的是电动机的工作电流，电流比较大，因此一般在图纸上用粗实线垂直于电源电路绘制于电路图的左侧。

（3）辅助电路。一般包括控制主电路工作状态的控制电路、显示主电路工作状态的指示电路和提供机床设备局部照明的照明电路等。一般由主令电器的触头、接触器（继电器）线圈和辅助触头、仪表、指示灯及照明灯等组成。

辅助电路要跨接在两相电源之间，一般按照控制电路、指示电路和照明电路的顺序，用细实线依次画在电路图的右侧，并且耗能元器件（如接触器和继电器的线圈、指示灯、照明灯等）要画在电路图的下方，与下边电源线相连，而电器的触头要画在耗能元器件与上边电源线之间。为了读图方便，一般应按照自左至右、自上而下的排列来表示操作顺序。如图 1-2-3 所示就是点动正转控制线路的辅助电路中的控制电路，该控制电路由熔断器 FU2、按钮 SB 和接触器线圈 KM 组成。线号用数字表示，如 1、2、3 等。

图 1-2-2　点动正转控制线路的主电路　　　　图 1-2-3　点动正转控制线路的控制电路

 通常辅助电路通过的电流较小，一般不超过 5A。

（4）电器元件的符号。在电路图中，电器元件是不画实际外形图的，而是采用国家统一规定的电气图形符号表示。另外，同一电器的各元器件不按它们的实际位置画在一起，而是按其在线路中所起的作用分别画在不同的电路中，但它们的动作是相互关联的，所以必须用同一文字符号进行标注。若同一电路图中，相同的电器较多时，需要在电器元件文字符号后面加注不同的数字以示区别。

 在电路图中，各电器的触头位置都按电路未通电或电器未受外力作用时的常态位置画出，分析原理时应从触头的常态位置触发。

（5）电路图中的标号。电路图采用电路编号法，即对电路中的各个接点用字母或数字编号。

① 主电路的编号。主电路在电源开关的出线端按相序依次编号为 U11、V11、W11；然后按从上到下、从左到右的顺序，每经过一个电器元件后，编号依次递增，如 U12、V12、

W12，U13、V13、W13……单台三相交流电动机（或设备）的三根引出线，按相序依次编号为 U、V、W，详见图 1-2-2。

 对于多台电动机引出线的编号，为了不至于引起误解和混淆，可在字母前用不同的数字加以区别，如 1U、1V、1W；2U、2V、2W……

② 辅助电路的编号。辅助电路的编号按"等电位"原则，按从上到下、从左到右的顺序，用数字依次编号，每经过一个电器元件后，编号要依次递增。控制线路的编号一般是从"0"或"1"开始，其他辅助电路编号的起始数字依次递增 100，如照明电路的编号从 101 开始；指示电路的编号从 201 开始等。

二、按钮

按钮是一种手动操作接通或分断小电流控制电路的主令电器。一般情况下按钮不直接控制主电路的通断，主要利用按钮开关远距离发出手动指令或信号去控制接触器、继电器等电磁装置，实现主电路的分合、功能转换或电气连锁。如图 1-2-4 所示为几款按钮的外形。

(a) LA18 系列　(b) LA19 系列　(c) LA13 系列　(d)BS 系列　(e)COB 系列

图 1-2-4　几款按钮的外形图

1. 按钮的结构及符号

按钮开关的结构一般都是由按钮帽、复位弹簧、桥式动触头、外壳及支柱连杆等组成。按钮开关按静态时触头分合状况，可分为常开按钮（启动按钮）、常闭按钮（停止按钮）及复合按钮（常开、常闭组合为一体的按钮）。各种按钮的结构及符号如表 1-2-1 所示。

表 1-2-1　各种按钮的结构及符号

名称	停止按钮（常闭按钮）	启动按钮（常开按钮）	复合按钮
结构			1—按钮帽；2—复位弹簧；3—支柱连杆；4—常闭静触头；5—桥式动触头；6—常开静触头；7—外壳
符号	E⼀⼀⼦SB	E⼀⼦SB	E⼀⼀⼦SB

2．按钮的动作原理

对启动按钮而言，按下按钮帽时触头闭合，松开后触头自动断开复位；停止按钮则相反，按下按钮帽时触头分断，松开后触头自动闭合复位；复合按钮是当按下按钮帽时，桥式动触头向下运动，使常闭触头先断开后，常开触头才闭合；当松开按钮帽时，则常开触头先分断复位后，常闭触头再闭合复位。

3．按钮颜色的含义

为了便于识别各个按钮的作用，避免误操作，通常用不同的颜色和符号标志来区分按钮的作用。按钮颜色的含义见表1-2-2。

表 1-2-2　按钮颜色的含义

颜色	含　义	说　明	应用举例
红色	紧急	危险或紧急情况时操作	急停
黄色	异常	异常情况时操作	干预、制止异常情况，干预、重新启动中断了的自动循环
绿色	安全	安全情况或为正常情况准备时操作	启动/接通
蓝色	强制性的	要求强制动作情况下的操作	复位功能
白色			启动/接通（优先） 停止/断开
灰色	未赋予特定含义	除急停以外的一般功能的启动（见注）	启动/接通 停止/断开
黑色			启动/接通 停止/断开（优先）

注：如果用代码的辅助手段（如标记、形状、位置）来识别按钮操作件，则白、灰或黑同一颜色可用于标注各种不同功能（如白色用于标注启动/接通和停止/断开）。

4．按钮的型号及含义

按钮的型号及含义如下。

其中结构形式代号的含义如下：

K——开启式，适用于嵌装在操作面板上；

H——保护式，带保护外壳，可防止内部零件受机械损伤或人偶然触及带电部分；

S——防水式，具有密封外壳，可防止雨水侵入；

F——防腐式，能防止腐蚀性气体进入；

J——紧急式，带有红色大蘑菇钮头（突出在外），作紧急切断电源用；

X——旋钮式，用旋钮旋转进行操作，有通和断两个位置；

Y——钥匙操作式，用钥匙插入进行操作，可防止误操作或供专人操作；

D——光标按钮，按钮内装有信号灯，兼作信号指示。

三、接触器

接触器是一种用来接通或切断交、直流主电路和控制电路，并且能够实现远距离控制的电器。大多数情况下其控制对象是电动机，也可以用于其他电力负载，如电阻炉、电焊机等，接触器不仅能自动地接通和断开电路，还具有控制容量大、欠电压释放保护、零压保护、频繁操作、工作可靠、寿命长等优点。接触器实际上是一种自动的电磁式开关。触头的通断不是由手来控制，而是电动操作，属于自动切换电器。接触器按主触头通过电流的种类，分为交流接触器和直流接触器两类。如图 1-2-5 所示为几款常用交流接触器的外形。

(a) CJ10(CJT1)系列

(b) CJ20 系列　　　　(c) CJ40 系列　　　　(d) CJX1（3TB、3TF）系列

图 1-2-5　常用交流接触器

1．交流接触器的结构

交流接触器主要由电磁系统、触头系统、灭弧装置和辅助部件等组成。交流接触器的结构如图 1-2-6 所示。

1—灭弧罩；2—触头压力弹簧片；3—主触头；
4—反作用弹簧；5—线圈；6—短路环；
7—静铁芯；8—弹簧；9—动铁芯；
10—辅助常开触头；11—辅助常闭触头

图 1-2-6　接触器结构图

图 1-2-6　接触器结构图（续）

（1）电磁系统。电磁系统主要由线圈、静铁芯和动铁芯（衔铁）三部分组成。静铁芯在下、动铁芯在上，线圈装在静铁芯上。静、动铁芯一般用 E 形硅钢片叠压而成，以减少铁芯的磁滞和涡流损耗；铁芯的两个端面上嵌有短路环，如图 1-2-7 所示，用以消除电磁系统的振动和噪声；线圈做成粗而短的圆筒形，且在线圈和铁芯之间留有空隙，以增强铁芯的散热效果。交流接触器利用电磁系统中线圈的通电或断电，使静铁芯吸合或释放衔铁，从而带动动触头与静触头闭合或分断，实现电路的接通或断开。

图 1-2-7　交流接触器铁芯的短路环

（2）触头系统。交流接触器的触头按接触情况可分为点接触式、线接触式和面接触式三种，三种接触形式如图 1-2-8 所示。

按触头的结构形式可分为桥式触头和指形触头两种，如图 1-2-9 所示。例如 CJ10 系列交流接触器的触头一般采用双断点桥式触头，其动触头用紫铜片冲压而成，在触头桥的两端镶有银基合金制成的触头块，以避免接触头由于氧化铜的产生影响其导电性能。静触头一般用黄铜板冲压而成，一端镶焊触头块，另一端为接线柱。在触头上装有压力弹簧片，用以减小接触电阻，并消除开始接触时产生的有害振动。

(a)点接触   (b)线接触   (c)面接触

图 1-2-8　触头的三种接触形式

(a)双断点桥式触头   (b)指形触头

1—静触头；2—动触头；3—触头压力弹簧

图 1-2-9　触头的结构形式

触头按通断能力可分为主触头和辅助触头，如图 1-2-6(b)所示。主触头用以通断电流较大的主电路，一般由三对常开触头组成。辅助触头用以通断较小电流的控制电路，一般由两对常开和两对常闭触头组成。

> **值得注意的是：** 所谓触头的常开和常闭，是指电磁系统未通电动作前触头的状态。常开触头和常闭触头是联动的。当线圈通电时，常闭触头先断开，常开触头随后闭合，中间有一个很短的时间差。当线圈断电后，常开触头先恢复断开，随后常闭触头恢复闭合，中间也存在一个很短的时间差。这个时间差虽短，但对分析线路的控制原理却很重要。

（3）灭弧装置。交流接触器在断开大电流或高电压电路时，会在动、静触头之间产生很强的电弧。电弧是触头间气体在强电场作用下产生的放电现象，它的产生一方面会灼伤触头，减少触头的使用寿命；另一方面会使电路切断时间延长，甚至造成弧光短路或引起火灾事故。因此触头间的电弧应尽快熄灭。

灭弧装置的作用是熄灭触头分断时产生的电弧，以减轻电弧对触头的灼伤，保证可靠的分断电路。交流接触器常采用的灭弧装置有双断口结构的电动力灭弧装置、纵缝灭弧装置和栅片灭弧装置，如图 1-2-10 所示。对于容量较小的交流接触器，如 CJ10-10 型,一般采用双断口结构的电动力灭弧装置；CJ10 系列交流接触器额定电流在 20A 及以上的，常采用纵缝灭弧装置灭弧；对于容量较大的交流接触器，多采用栅片来灭弧。

（4）辅助部件。交流接触器的辅助部件有反作用弹簧、缓冲弹簧、触头压力弹簧、传动机构及底座、接线柱等，如图 1-2-6(a)所示。反作用弹簧安装在衔铁和线圈之间，其作用是线圈断电后，推动衔铁释放，带动触头复位；缓冲弹簧安装在静铁芯和线圈之间，其作用是缓冲衔铁在吸合时对静铁芯和外壳的冲击力，保护外壳；触头压力弹簧安装在动触头上面，其作用是增加动、静触头间的压力，从而增大接触面积，以减少接触电阻，防止触头过热损伤；传动机构的作用是在衔铁或反作用弹簧的作用下，带动动触头实现与静触头的接通或分断。

(a)双断口结构电动力灭弧装置   (b)纵缝灭弧装置   (c)栅片灭弧装置

1—静触头；2—短电弧；3—灭弧栅片；
4—灭弧罩；5—电弧；6—动触头

图 1-2-10   常用的灭弧装置

2. 交流接触器的符号

交流接触器在电路图中的符号如图 1-2-11 所示。

(a)线圈   (b)主触头   (c)辅助常开触头   (d)辅助常闭触头

图 1-2-11   交流接触器的符号

 在控制线路图中，当接触器不只 1 个时，则通过在 KM 文字符号后加数字来区别。如 KM1、KM2。

3. 交流接触器的工作原理

交流接触器工作原理示意图如图 1-2-12 所示，当接触器的线圈通电后，线圈中的电流产生磁场，使静铁芯磁化产生足够大的电磁吸力，克服反作用弹簧的反作用力将衔铁吸合，衔铁通过传动机构带动辅助常闭触头先断开，三对常开主触头和辅助常开触头后闭合；当接触器线圈断电或电压显著下降时，由于铁芯的电磁吸力消失或过小，衔铁在反作用弹簧力的作用下复位，并带动各触头恢复到原始状态。

交流接触器线圈在其额定电压的 85%～105%时，能可靠地工作。电压过高，则磁路趋于饱和，线圈电流将显著增大，线圈有被烧坏的危险；电压过低，则吸不牢衔铁，触头跳动，不但影响电路正常工作，而且线圈电流会达到额定电流的十几倍，使线圈过热而烧坏。因此，电压过高或过低都会造成线圈发热而烧毁。

图 1-2-12 交流接触器工作原理示意图

4. 接触器的型号及含义

交流接触器的型号及含义如下。

交流接触器的型号说明：

例如 CJ10Z-40/3 表示的是交流接触器，设计序号为 10，重任务型，额定电流为 40A，主触头为 3 极。又如 CJ12T-250/3 为改进型交流接触器，设计序号为 12，额定电流 250A，主触头为 3 极。

四、点动正转控制电路工作原理分析

从如图 1-2-1 所示的点动正转控制线路图可分析出其工作原理如下：

当电动机 M 需要点动时，先合上组合开关 QS，此时电动机 M 尚未接通电源。按下启动按钮 SB，接触器 KM 的线圈得电，使衔铁吸合，同时带动接触器 KM 的三对主触头闭合，电动机 M 便接通电源启动运转。当电动机 M 需要停车时，只要松开启动按钮 SB，使接触器 KM 的线圈失电，衔铁在复位弹簧的作用下复位，带动接触器 KM 的三对主触头复位分断，电动机 M 失电停转。

 任务准备

实施本任务教学所使用的实训设备及工具材料可参考表 1-2-3。

表 1-2-3 实训设备及工具材料

序号	名　称	型　号　规　格	数量	单位	备注
1	电工常用工具		1	套	
2	万用表	MF47 型	1	块	
3	三相四线电源	～3×380/220V、20A	1	处	

续表

序号	名　　称	型号规格	数量	单位	备注
4	三相笼型异步电动机	Y112M-4，4kW、380V、Y接法；或自定	1	台	
5	配线板	500mm×600mm×20mm	1	块	
6	断路器 QF	DZ5－20/330	1	个	
7	熔断器 FU1	RL1-60/25，380V，60A，熔体配 25A	3	套	
8	熔断器 FU2	RL1-15/2	2	套	
9	接触器 KM	CJ10-20，线圈电压 380V，20A（CJX2、B 系列等自定）	1	只	
10	按钮 SB1	LA10-2H，保护式、按钮数 2	1	只	
11	木螺钉	$\phi3×20mm$；$\phi3×15mm$	30	个	
12	平垫圈	$\phi4mm$	20	个	
13	线号笔	自定	1	支	
14	主电路导线	BVR-1.5，$1.5mm^2$（7×0.52mm）（黑色）	若干	m	
15	控制电路导线	BV-1.0，$1.0mm^2$（7×0.43mm）	若干	m	
16	按钮线	BV-0.75，$0.75mm^2$	若干	m	
17	接地线	BVR-1.5，$1.5mm^2$（黄绿双色）	若干	m	
18	劳保用品	绝缘鞋、工作服等	1	套	
19	接线端子排	JX2-1015，500V、10A、15 节或配套自定	1	条	

 任务实施

一、交流接触器的识别

在教师的指导下，仔细观察各种不同系列、规格的交流接触器，并熟悉它们的外形、型号规格及技术参数的意义、结构、工作原理及主触头、辅助常开触头和常闭触头、线圈的接线柱等。

教师事先用胶布将要识别的交流接触器的型号规格盖住，由学生根据实物写出各接触器的系列名称、型号、文字符号，并画出图形符号，最后简述交流接触器的主要结构和工作原理，填入表 1-2-4 中。

表 1-2-4　交流接触器的识别

序号	系列名称	型号规格	文字符号	图形符号	主要结构	工作原理
1						
2						
3						
4						
5						

二、点动正转控制线路的安装与检修

1．绘制元器件布置图和接线图

通过电气线路原理图绘制出元器件布置图和接线图，如图 1-2-13 所示。

(a)布置图

(b)接线图

图 1-2-13　点动正转控制线路的元器件布置图和安装接线图

2．元器件规格、质量检查

（1）根据表 1-2-3 中的元器件明细表，检查其各元器件、耗材与表中的型号与规格是否一致。

（2）检查各元器件的外观是否完整无损，附件、备件是否齐全。

（3）用仪表检查各元器件和电动机的有关技术数据是否符合要求。

（4）接触器、按钮安装前的检查：

① 检查接触器铭牌与线圈的技术数据（如额定电压、电流、操作频率等）是否符合实际使用要求。

② 检查接触器外观，应无机械损伤；用手推动接触器可动部分时，接触器应动作灵活，无卡阻现象；灭弧罩应完整无损，固定牢固。

③ 将铁芯极面上的防锈油脂或粘在极面上的污垢用煤油擦净，以免多次使用后衔铁被粘住，造成断电后不能释放。

④ 测量接触器的线圈电阻和绝缘电阻。绝缘电阻要大于 $0.5M\Omega$，线圈电阻不同的接触器有差异，但一般为 $1.5k\Omega$。

⑤ 检查按钮外观，应无机械损伤；用手按动按钮帽时，按钮应动作灵活，无卡阻现象。

⑥ 按动按钮，测量检查按钮常开、常闭的通断情况。

3. 根据元器件布置图安装固定低压电器元件

当元器件检查完毕后，按照如图 1-2-13(a)所示的元器件布置图布置和固定电器元件。低压电器元件的安装与使用要求如下。

（1）按钮的安装与使用维护要求：

① 按钮安装在面板上时，应布置整齐，排列合理，如根据电动机启动的先后顺序，从上到下或从左到右排列。

② 同一机床运动部件有几种不同的工作状态时（如上、下；前、后；松、紧等），应使每一对相反状态的按钮安装在一组。

③ 按钮的安装应牢固，安装按钮的金属板或金属按钮盒必须可靠接地。

④ 由于按钮的触头间距较小，如有油污等极易发生短路故障，所以应注意保持触头间的清洁。

⑤ 光标按钮一般不宜用于需长期通电显示处，以免塑料外壳过度受热而变形，给更换灯泡带来困难。

（2）接触器的安装：

① 交流接触器一般应安装在垂直面上，倾斜度不得超过 5°；若有散热孔，则应将有孔的一面放在垂直方向上，以利散热，并按规定留有适当的飞弧空间，以免飞弧烧坏相邻电器。

② 安装和接线时，注意不要将零件失落或掉入接触器内部。安装孔的螺钉应装有弹簧垫圈和平垫圈，并拧紧螺钉以防振动松脱。

③ 安装完毕，检查接线正确无误后，在主触头不带电的情况下操作几次，然后测量产品的动作值和释放值，所测数值应符合产品的规定要求。

操作提示

① 各元器件的安装位置应整齐、均匀，间距合理，便于元器件的更换。

② 紧固元器件时，用力要均匀，紧固程度适当。

4. 根据电气原理图和安装接线图进行配线

当元器件安装完毕后,按照如图 1-2-1 所示的原理图和如图 1-2-13 所示的安装接线图进行板前明线配线。配线工艺需符合要求。配线后的效果示意图如 1-2-14 所示。

图 1-2-14 效果示意图

资料卡片——配线的工艺要求:

(1)配线通道要尽可能少,同路并行导线按主、控电路分类集中,单层密排,紧贴配线板的安装面配线。

(2)同一平面的导线应高低一致或前后一致,不能交叉。非交叉不可时,交叉的导线应在接线端子引出时就水平架空跨越,并且走线需合理。

(3)配线时,应横平竖直,高低平齐,转角应成90°。

(4)配线时,线头的长短合适,线耳方向正确,不得出现压绝缘层或反圈现象。

(5)配线时,根据原理图和接线图套上相应的编码管。

 操作提示

布线的顺序一般以接触器为中心,由里向外,由低至高,先控制电路,后主电路的顺序进行,以不妨碍后续布线为原则。

5. 电动机的连接

按照电动机铭牌上的接线方法,正确连接接线端子,然后将定子绕组的电源引入线接到配电盘上标有 U12、V12 和 W12 的接线端子上，最后连接电动机的保护接地线。电动机的连接方式效果示意图如图 1-2-15 所示。

图 1-2-15　电动机的连接方式效果示意图

6．自检

当线路安装完毕后，在通电试车前必须经过自检，并经指导教师确认无误后方可通电试车。自检的方法及步骤如下。

（1）用观察法检查。首先按电路图或接线图从电源端开始，逐段核对接线及接线端子处线号是否正确，有无漏接、错接之处。然后检查导线接点是否符合要求，压接是否牢固。同时注意接点接触应良好，以避免带负载运转时产生闪弧现象。

（2）用万用表检查控制线路的通断情况。

① 检查时，应选用倍率适当的电阻挡，并进行校零，然后将万用表的表笔分别搭接在 U11、V11 接线端上，测量 U11 与 V11 之间的直流电阻，此时的读数应为"∞"。若读数为零，则说明线路有短路现象；若此时的读数为接触器线圈的直流电阻值，则说明线路接错会造成合上总电源开关后，在没有按下点动按钮 SB 的情况下，接触器 KM 会直接获电动作。

② 按下按钮 SB，万用表读数应为接触器线圈的直流电阻值。松开按钮后，此时的读数应为"∞"。

（3）用兆欧表检查线路的绝缘电阻的阻值应不得小于 1MΩ。

7．通电试车

学生通过自检和教师确认无误后，在教师的监护下进行通电试车。通电试车的操作步骤如下：

（1）接上三相电源 L1、L2、L3，并合上 QF，然后用验电笔进行验电，电源正常后，进行下一步操作。

（2）按下点动按钮 SB，接触器得电吸合，电动机启动运转；放开 SB，接触器失电复位，电动机脱离电源停止运行。反复操作几次，以观察线路的可靠性。

（3）试车完毕后，应先切断电源，然后方可拆线。拆线时，应先拆电源线，后拆电机线。

 操作提示

在通电试车过程中，注意观察线路功能是否符合要求，电器元件的动作是否灵活，有无卡阻及噪声过大等现象。

 检查评议

对任务实施的完成情况进行检查，并将结果填入表 1-2-5。

表 1-2-5　任务测评表

序号	主要内容	考核要求	评分标准	配分	扣分	得分
1	接触器的识别	根据任务，写出各接触器的系列名称、型号、文字符号、图形符号和主要结构及工作原理	1.写错或漏写型号，每只扣 2 分 2.图形符号和文字符号，每错一个扣 1 分 3.主要结构和工作原理错误，酌情扣分	20		
2	线路安装检修	根据任务，按照电动机基本控制线路的安装步骤和工艺要求，进行线路的安装与检修	1.按照图接线，不按图接线扣 10 分 2.元器件安装正确、整齐、牢固，否则一个扣 2 分 3.配线整齐美观，横平竖直、高低平齐，转角 90°，否则每处扣 2 分 4.线头长短合适，线耳方向正确，无松动，否则每处扣 1 分 5.配线齐全，否则一根扣 5 分 6.编码套管安装正确，否则每处扣 1 分 7.通电试车功能齐全，否则扣 40 分	70		
3	安全文明生产	劳动保护用品穿戴整齐；电工工具佩带齐全；遵守操作规程；尊重老师，讲文明礼貌；考试结束要清理现场	1. 操作中，违反安全文明生产考核要求的任何一项扣 2 分，扣完为止 2. 当发现学生有重大事故隐患时，要立即予以制止，并每次扣安全文明生产总分 5 分	10		
合　计						
开始时间：			结束时间：			

 问题及防治

在学生进行本任务实施实训过程中，时常会遇到以下问题。

问题：在进行按钮的接线时，误将 SB 的常开触头接成常闭触头。

后果及原因：在进行按钮的接线时，若误将 SB 的常开触头接成常闭触头，会造成合上电源开关后，接触器线圈直接获电，电动机直接启动运转。

预防措施：在进行按钮接线前，应通过万用表确认常开触头后，再进行接线。

知识拓展

直流接触器

直流接触器主要供远距离接通和分断额定电压 440V、额定电流 1600A 以下的直流电力线路之用。并适宜于直流电动机的频繁启动、停止、换向及反接制动。目前常用的直流接触器有 CZ0、CZ17、CZ18、CZ21 等系列。如图 1-2-16 所示是 CZ0 系列直流接触器。

(a) CZ0-20   (b) CZ0-40   (c) CZ0-150   (d) CZ0-250

图 1-2-16   CZ0 系列直流接触器

任务3   三相笼型异步电动机接触器自锁控制电路的安装与检修

知识目标：

1. 掌握热继电器的结构、用途及工作原理和选用原则。
2. 正确理解三相笼型异步电动机接触器自锁控制电路的工作原理。
3. 能正确识读接触器自锁控制电路的原理图、接线图和布置图。

能力目标：

1. 会按照工艺要求正确安装三相笼型异步电动机接触器自锁控制电路。
2. 初步掌握热继电器的校验步骤和工艺要求。
3. 能根据故障现象，检修三相笼型异步电动机接触器自锁控制电路。

素质目标：

养成独立思考和动手操作的习惯，培养小组协调能力和互相学习的精神。

   工作任务

点动控制线路的特点是，手必须按在启动按钮上电动机才能运转，手松开按钮后，电动机则停转，它实现的是电动机的断续控制。这种控制电路对于生产机械中电动机的短时间控制十分有效，如果生产机械中电动机需要控制时间较长，手必须始终按在按钮上，操作人员的一只手被固定，不方便其他操作，劳动强度大。而在现实中的许多生产机械，往往需要按下启动按钮后，电动机启动运转，当松开按钮后，电动机仍然会继续运行的连续控制方式，如生产机械中的 CA6140 车床主轴电动机的控制就是采用的这种控制方式。如图 1-3-1 所示为实现三相笼型异步电动机接触器自锁控制线路。

本次任务的主要内容是：完成对三相笼型异步电动机接触器自锁控制电路的安装与检修，同时掌握热继电器的校验方法及步骤。

图 1-3-1　三相笼型异步电动机接触器自锁控制线路

 相关知识

一、热继电器

热继电器是利用流过继电器的电流所产生的热效应而反时限动作的自动保护电器。所谓反时限动作，是指电器的延时动作时间随通过电路电流的增加而缩短。热继电器主要与接触器配合使用，用作电动机的过载保护、断相保护、电流不平衡运行的保护及其他电气设备发热状态的控制。

1．热继电器的分类

热继电器的形式有多种，主要有双金属片式和电子式，其中双金属片式应用最多。按极数划分有单极、两极和三极三种，其中三极的又包括带断相保护装置的和不带断相保护装置的；按复位方式分有自动复位式和手动复位式。如图 1-3-2 所示为几款常见双金属片式热继电器的外形。

(a)JR36系列　　　　(b)JRS2(3UA)　　　　(c)JR20系列

图 1-3-2　几款常见双金属片式热继电器的外形图

每一系列的热继电器一般只能和相适应系列的接触器配套使用，如 JR36 系列热继电器与 CJT1 系列接触器配套使用；JR20 系列热继电器与 CJ20 系列接触器配套使用；3UA 系列热继电器与 3TB、3TF 系列接触器配套使用等。

2．热继电器的结构、工作原理及符号表示

（1）结构。如图 1-3-3 所示为三极双金属片热继电器的结构及符号，它主要由热元器件、传动机构、常闭触头、电流整定装置和复位按钮组成。热继电器的热元器件由主双金属片和绕在外面的电阻丝组成。主双金属片是由两种热膨胀系数不同的金属片复合而成。

1—热元器件；2—传动机构；3—常闭触头；4—电流整定旋钮；5—复位按钮；6—限位螺钉

图 1-3-3　三极双金属片热继电器

（2）工作原理。热继电器使用时，需要将热元器件串联在主电路中，常闭触头串联在控制电路中，如图 1-3-3(b)所示。当电动机过载时，流过电阻丝的电流超过热继电器的整定电流，电阻丝发热增多，温度升高，由于两种金属片的热膨胀程度不同而使主双金属片向右弯曲，通过传动机构推动常闭触头断开，分断控制电路，再通过接触器切断主电路，实现对电动机的过载保护。

当电源切除后，热元器件的主双金属片逐渐冷却恢复原位。热继电器的复位机构操作有手动复位和自动复位两种形式，可根据使用要求通过复位调节螺钉来自由调整选择。一般自动复位时间不大于 5min，手动复位时间不大于 2min。

热继电器的整定电流大小可通过旋转电流整定旋钮来调节。热继电器的整定电流是指热继电器连续工作而不动作的最大电流。超过整定电流，热继电器将在负载未达到其允许的过载极限之前动作。

值得一提的是，由于热继电器主双金属片受热膨胀的热惯性及传动机构传递信号的惰性原因，热继电器从电动机过载到触头动作需要一定的时间，也就是说，即使电动机严重过载甚至短路，热继电器也不会瞬时动作，因此热继电器不能作短路保护。但也正是这个热惯性和机械惰性，保证了热继电器在电动机启动或短时过载时不会动作，从而满足了电动机的运行要求。

（3）符号表示。热继电器在电路图中的文字符号用"FR"表示，其图形符号如图 1-3-3(c)所示。

3．型号含义

热继电器的型号及含义如下。

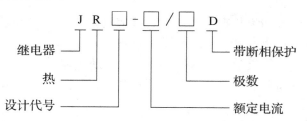

JR20 系列热继电器是一种双金属片式热继电器，在电力线路中用于长期或间断工作的一般交流电动机的过载保护，并且能在三相电流严重不平衡时起保护作用。

JR20 系列热继电器的结构为立体布置，一层为结构，另一层为主电路。前者包括整定电流调节凸轮、动作脱扣指示、复位按钮及断开检查按钮。

二、三相笼型异步电动机的接触器自锁控制线路分析

1．工作原理

通过对如图 1-3-1 所示的三相笼型异步电动机的接触器自锁控制线路分析，其工作原理如下：先合上电源开关 QF。

这种当松开启动按钮后，接触器通过自身的辅助常开触头使其线圈保持得电的作用叫做自锁。与启动按钮并联起自锁作用的辅助常开触头叫做自锁触头。

2．保护分析

（1）欠压保护。"欠压"是指线路电压低于电动机应加的额定电压。"欠压保护"是指当线路电压下降到低于某一数值时，电动机能自动切断电源停转，避免电动机在欠压下运行的一种保护。采用接触器自锁控制线路就可避免电动机欠压运行。因为当线路电压下降到低于额定电压的 85%时，接触器线圈两端的电压也同样下降到此值，从而使接触器线圈磁通减弱，产生的电磁吸力减少，当电磁吸力减少到小于反作用弹簧的拉力时，动铁芯被迫释放，主触头、自锁触头同时分断，自动切断主电路和控制电路，电动机失电停转，达到欠压保护。

（2）失压保护。失压保护是指电动机在正常运行中，由于外界某种原因引起启动的一种保护。接触器自锁控制线路也可实现失压保护。因为接触器自锁触头和主触头在电源断电时已经断开，使主电路和控制电路都不能接通，所以在电源恢复供电时，电动机就不会自动启动运转，保证了人身和设备的安全。

（3）短路保护。FU1 起主电路的短路保护作用，FU2 起控制电路的短路保护用。

（4）过载保护。所谓过载保护就是指当电动机出现过载时，能自动切断电动机的电源，使电动机停转的一种保护。

电动机运行过程中，如果长期负载过大，或启动操作频繁，或者缺相运行，都可能使电动机定子绕组的电流过大，超过其额定值。而在这种情况下，熔断器往往并不熔断，从而引起定子绕组过热，使温度持续升高。若温度超过允许温升，就会造成绝缘损坏，缩短电动机的使用寿命，严重时甚至会烧毁电动机的定子绕组。因此，对电动机必须采取过载保护措施。

① 在照明、电加热等电路中，熔断器既可作短路保护，也可作过载保护。但对于三相笼型异步电动机控制线路来说，熔断器只能用作短路保护。这是因为三相笼型异步电动机的启动电流很大（全压启动时的启动电流一般是额定电流的 4～7 倍），若用熔断器作过载保护，则选择的额定电流就应等于或稍大于电动机的额定电流，这样电动机在启动时，由于启动电流大大超过了熔断器的额定电流，使熔断器在很短的时间内熔断，造成电动机无法启动。所以熔断器只能作短路保护，熔体额定电流应取电动机额定电流的 1.5～2.5 倍。

② 热继电器在三相笼型异步电动机控制线路中也只能作过载保护，不能用作短路保护。这是因为热继电器的热惯性大，即热继电器的双金属片受热膨胀弯曲需要一定的时间。当电动机发生短路时，由于短路电流很大，热继电器还没有来得及动作，供电线路和电源设备可能就已经损坏。而在电动机启动时，由于启动时间很短，热继电器还未动作，电动机已启动完毕。总之，热继电器和熔断器两者所起的作用不同，不能相互代替使用。

任务准备

实施本任务教学所使用的实训设备及工具材料可参考表 1-3-1。

表 1-3-1　实训设备及工具材料

序号	名　称	型号规格	数量	单位	备注
1	电工常用工具		1	套	
2	万用表	MF47 型	1	块	
3	三相四线电源	～3×380/220V、20A	1	处	
4	三相笼型异步电动机	Y112M-4，4kW、380V、Y接法；或自定	1	台	
5	接触式调压器	TDGC2-5/0.5	1	台	
6	小型变压器	DG-5/0.5	1	台	
7	开启式负荷开关	HK1-30/2	1	只	
8	电流互感器	HL24、100/5	1	只	

续表

序号	名　称	型 号 规 格	数量	单位	备注
9	指示灯	220V、15W	1	只	
10	配线板	500mm×600mm×20mm	1	块	
11	三相断路器	规格自定	1	只	
12	熔断器 FU1	RL1-60/25，380V，60A，熔体配 25A	3	套	
13	熔断器 FU2	RL1-15/2	2	套	
14	接触器 KM1	CJ10-20，线圈电压 380V，20 A（CJX2、B 系列等自定）	1	只	
15	热继电器	JR20-10	1	只	
16	按钮	LA10-3H，保护式、按钮数 3	1	只	
17	木螺钉	$\phi3×20mm$；$\phi3×15mm$	30	个	
18	平垫圈	$\phi4mm$	30	个	
19	线号笔	自定	1	支	
20	主电路导线	BVR-1.5，$1.5mm^2$（7×0.52mm）（黑色）	若干	m	
21	控制电路导线	BV-1.0，$1.0mm^2$（7×0.43mm）	若干	m	
22	按钮线	BV-0.75，$0.75mm^2$	若干	m	
23	接地线	BVR-1.5，$1.5mm^2$（黄绿双色）	若干	m	
24	劳保用品	绝缘鞋、工作服等	1	套	
25	接线端子排	JX2-1015，500V、10A、15 节或配套自定	1	条	

 任务实施

一、接触器自锁正转控制线路的安装与检修

1．绘制元器件布置图和接线图

具有过载保护的接触器自锁控制电路元器件布置图和接线图如图 1-3-4 所示。

2．元器件规格、质量检查

（1）根据表 1-3-1 所示的元器件明细表，检查其各元器件、耗材与表中的型号与规格是否一致。

（2）检查各元器件的外观是否完整无损，附件、备件是否齐全。

（3）用仪表检查各元器件和电动机的有关技术数据是否符合要求。

3．根据元器件布置图安装固定低压电器元件

当元器件检查完毕后，按照如图 1-3-4(a)所示的元器件布置图安装和固定电器元件。安装和固定电器元件的步骤和方法与前面任务基本相同，在此仅就热继电器的安装与使用进行介绍。

(a)元器件布置图

(b)接线图

图 1-3-4 具有过载保护的接触器自锁控制电路元器件布置图和接线图

热继电器的安装与使用要求如下：

（1）热继电器必须按照产品说明书中规定的方式安装。安装处的环境温度应与电动机处环境温度基本相同。当与其他电器安装在一起时，应注意将热继电器安装在其他电器的下方，以免其动作特性受到其他电器发热的影响而产生误动作。

（2）热继电器在安装前应先清除触头表面的尘垢，以免因接触电阻过大或电路不通而影响热继电器的动作性能。

（3）热继电器出线端的连接导线，应按表 1-3-2 规定的 JR20 系列热继电器的主要技术参数选用。这是因为导线的粗细和材料将影响到热元器件端接点传导到外部热量的多少。

若导线过细，轴向导热性差，热继电器可能提前动作；若导线过粗，轴向导热快，热继电器可能滞后动作。

表 1-3-2　JR20 系列热继电器的主要技术参数

热继电器的额定电流/A	连接导线截面积/mm²	连接导线种类
10	2.5	单股铜芯塑料线
20	4	单股铜芯塑料线
60	16	多股铜芯橡皮线

（4）使用中的热继电器应定期通电校验。此外，当发生短路事故后，应检查热元器件是否已发生永久变形。若已变形，则需通电校验。若因热元器件变形或其他原因导致动作不准确时，只能调整其可调部件，而绝不能弯折热元器件。

（5）热继电器在出厂时均调整为手动复位方式，如果需要自动复位，只要将复位螺钉沿顺时针方向旋转 3～4 圈，并稍微拧紧即可。

（6）热继电器在使用中，应定期用干净的布擦净尘垢和污垢，若发现双金属片上有锈斑，应用清洁棉布蘸汽油轻轻擦除，切忌用砂纸打磨。

（7）热继电器因电动机过载动作后，若需再次启动电动机，必须待热继电器的热元器件完全冷却后，才能使热继电器复位。一般自动复位时间不大于 5min，手动复位时间不大于 2min。

4．根据电气原理图和安装接线图进行配线

当元器件安装完毕后，按照如图 1-3-1 所示的原理图和如图 1-3-4(b)所示的安装接线图进行板前明线配线。配线应符合配线的工艺要求。

5．电动机的连接

按照电动机铭牌上的接线方法，正确连接接线端子，然后将定子绕组的电源引入线接到配电盘的接线端子的 U、V、W 端子上，最后连接电动机的保护接地线。效果示意图如图 1-3-5 所示。

6．自检

当线路安装完毕后，用万用表检查控制线路的通断情况，自检的方法及步骤如下。

（1）启停控制线路的检查。检查时，应选用倍率适当的电阻挡，并进行校零，然后将万用表的表笔分别搭接在 U11、V11 接线端上，测量 U11 与 V11 之间的直流电阻，此时的读数应为 "∞"。若读数为零，则说明线路有短路现象；若此时的读数为接触器线圈的直流电阻值，则说明线路接错会造成合上总电源开关后，在没有按下启动按钮 SB2 的情况下，接触器 KM 会直接获电动作。

按下启动按钮 SB2，万用表读数应为接触器线圈的直流电阻值。松开启动按钮后，此时的读数应为 "∞"。再按下启动按钮 SB2，万用表读数应为接触器线圈的直流电阻值。然后按下停止按钮 SB1 后，此时的读数应为 "∞"。

图 1-3-5　效果示意图

（2）自锁控制回路的检查。将万用表的表笔分别搭接在 U11、V11 接线端上，人为压下接触器的辅助常开触头（或用导线短接触头），此时万用表读数应为接触器线圈的直流电阻值；然后再按下停止按钮 SB1，此时的读数应为"∞"。若按下停止按钮后，万用表读数仍为接触器线圈的直流电阻值，则说明 KM 的自锁触头已将停止按钮短接，将造成电动机启动后，无法停车的错误，错误接法如图 1-3-6 所示。

图 1-3-6　自锁控制回路的错误接法

7．通电试车

学生通过自检和教师确认无误后，在教师的监护下进行通电试车。通电试车的操作步骤如下：

（1）接上三相电源 L1、L2、L3，并合上 QS，然后用验电笔进行验电，电源正常后，进行下一步操作。

（2）按下启动按钮 SB2，接触器 KM 得电吸合，电动机启动运转；松开 SB2，接触器自锁保持得电，电动机连续运行，按下停止按钮 SB1 后，接触器 KM 线圈断电，铁芯释放，主、辅触头断开复位，电动机脱离电源停止运行。反复操作几次，以观察线路的可靠性。

（3）试车完毕后，应先切断电源，将完好的控制线路配电盘留作故障检修用。

二、接触器自锁正转控制线路的故障分析及检修

1．电动机基本控制线路故障检修的常用方法

电动机基本控制线路故障检修的常用方法有：直观法、通电试验法、逻辑分析法（原理分析法）、量电法（电压法、验电笔测试法）、电阻测量法（通路法）。

1）直观法

通过直接观察电气设备是否有明显的外观灼伤痕迹；熔断器是否熔断；保护电器是否脱扣动作；接线有无脱落；触头是否烧蚀或熔焊；线圈是否过热烧毁等现象来判断故障点的一种方法。

2）通电试验法

通电试验法就是利用通电试车的方法来观察故障现象，进而再根据原理分析的方法来判断故障范围的一种方法。例如，按下启动按钮后，电动机不运行，判断故障范围的方法是：首先利用通电试车的方法观察接触器是否动作，再利用原理分析来判断，若接触器能动作则说明故障在主电路中，接触器不能动作则说明故障在控制线路中。

3）逻辑分析法

根据故障现象利用原理分析的方法来判断故障范围的一种方法。例如，本应连续运行控制的电动机出现了点动（断续）控制现象，通过分析控制线路工作原理可将故障最小范围缩小在接触器自锁回路和自锁触头上，如图 1-3-7 所示。

图 1-3-7　逻辑分析法判断故障最小范围

4）量电法

量电法主要包括电压测量法和验电笔测试法。它是电动机基本控制电路在带电的情况下，通过采用电压测量法和验电笔测试法，对带电线路进行定性或定量检测，以此来判断故障点和故障元器件的方法。

（1）电压测量法。电压测量法就是在电动机基本控制电路带电的情况下，通过测量出各节点之间的电压值，并与电动机基本控制电路正常工作时应具有的电压值进行比较，以此来判断故障点及故障元器件的所在处。该方法的最大特点是，它一般不需要拆卸元器件及导线，故障识别的准确性较高，是故障检测最常用的方法。

【例题 1】 如图 1-3-8 所示电路，当按下启动按钮 SB2 后，接触器 KM1 不吸合，用电压测量法进行故障检测。

实例说明：在正常的电路中，电源电压总是降落在耗能元器件（负载）上，而导线和触头上的电压为零，若电路中出现了断点，则电压全部降落到断点两端。测量方法是：在使用电压测量法检测故障时，首先通过逻辑分析法确定发生故障的最小范围，并熟悉预计有故障线路及各点的编号，清楚线路的走向、元器件位置，同时明确线路正常时应有的电压值，然后将万用表的转换开关拨至合适的电压倍率挡，将测量值与正常值进行比较，作出判断。本实例的检测方法如下。

① 通过逻辑分析法确定按下启动按钮 SB2 后，接触器 KM1 不吸合的故障最小范围，如图 1-3-9 所示。

图 1-3-8　电压测量法应用实例　　　　　　　　图 1-3-9　故障最小范围

② 将万用表的转换开关拨至交流电压 500V 的挡位上，然后按表 1-3-3 的测量方法和步骤进行故障检测并找出故障点。

> 该方法在理论上的分析无懈可击，但在实际的机床电气检测时应注意在测量 "2－0" 之间电压时，应以机床的床身作为 "零电位" 参考点，即将万用表的一支表笔与机床的床身搭接，而另一支表笔接触在与停止按钮 SB1 连接的 2 号接线柱上进行测量。这是因为在实际的机床电气控制线路中的按钮是安装在机床电气控制箱的外部，而电气控制配电板是安装在电气控制箱内，两者之间存在一定的距离，因此，如果按部就班地按照表 1-3-3 里所示测量图中的 "2－0" 之间的测量是不切合实际的。

表 1-3-3　电压测量法查找故障点

检 测 步 骤		测试状态	测量标号	电压数值	故 障 点
		电压交叉测量	1—V11	0V	FU1 熔丝断
			U11—0	0V	FU2 熔丝断
		电压分阶测量	2—0	0V	FR 常闭触头接触不良
			3—0	0V	SB1 常闭触头接触不良
			5—1	0V	KM 线圈断路
			4—1	0V	KM2 常闭触头接触不良
			3—4	380V	SB2 常开触头接触不良

（2）验电笔测试法。低压验电笔是检验导线和电气设备是否带电的一种常用的检测工具，其特点是测试操作与携带时较为方便，能缩短确定最小故障范围的时间。但其只适用于检测对地电压高于验电笔氖管启辉电压（60～80V）的场所，只能作定性检测，不能作定量检测，为此具有一定的局限性。如在检修机床局部照明线路故障时，由于所有的机床局部照明采用的是低压安全电压 24V（或 36V），而低压验电笔无法对 60～80V 以下的电路进行定性检测，因此，采用验电笔测试法无法进行检修。遇到这种情况时，一般多采用电压法测量进行定量检测，能准确地缩小故障范围并找出故障点。

5）电阻测量法

电阻测量法就是在电路切断电源后用仪表测量两点之间的电阻值，通过对电阻值的对比，进行电路故障检测的一种方法。在继电接触器控制线路中，当电路存在断路故障时，利用电阻测量法对线路中的断线、触头虚接触、导线虚焊等故障进行检测，可以找到故障点。

采用电阻测量法的优点是安全，缺点是测量电阻值不准确时易产生误判断，快速性和准确性低于电压测量法。

【例题 2】　如图 1-3-9 所示电路，当按下启动按钮 SB2 后，接触器 KM1 不吸合，用电阻分段测量法进行故障检测。

实例说明：采用电阻测量法进行故障检测时，首先必须切断被测电路的电源，然后将万用表的转换开关旋至欧姆 R×100（或 R×1k）挡，若测得电路阻值为零则电路或触头导通，阻值为无穷大则电路或触头不通。本实例通过逻辑分析法确定按下启动按钮 SB2 后，接触器 KM1 不吸合的故障最小范围，如图 1-3-9 所示。具体测量方法见表 1-3-4。

表 1-3-4　电阻分段测量法查找故障点

检测步骤	测试状态	测量标号	电压数值	故障点
		1—2	∞	FR 常闭触头接触不良
		2—3	∞	SB1 常闭触头接触不良
		3—4 按下 SB2	∞	SB2 常开触头接触不良
		4—5	∞	KM2 常闭触头接触不良
	电阻分段测量	5—0	∞	KM1 线圈断路

电阻测量法检测电路故障时应注意：检测故障时必须断开电源；如被测电路与其他电路并联连接时，应将该电路与其他并联电路断开，否则会产生误判断；测量高电阻值的元器件时，万用表的选择开关应拨至合适的电阻挡。

2．接触器自锁正转控制线路的故障现象、分析及检修

1）主电路的故障现象、分析及检修

【故障现象】 按下启动按钮 SB2 后，电动机转子未动或旋转得很慢，并发出"嗡嗡"声。

【故障分析】 采用逻辑分析法对故障现象进行分析可知，当按下启动按钮 SB2 后，主轴电动机 M 转得很慢甚至不转，并发出"嗡嗡"声，说明接触器 KM 已吸合，电气故障为典型的电动机缺相运行，因此故障范围应在电动机控制的主回路上，通过逻辑分析法可用虚线画出该故障的最小范围，如图 1-3-10 所示。

【故障检修】 当试机时，发现是电动机缺相运行，应立即按下停止按钮 SB1，使接触器 KM 主触头处于断开状态，然后根据如图 1-3-10 所示的故障最小范围，分别采用电压测量法和电阻测量法进行故障检测。具体的检测方法如下。

图 1-3-10　电动机缺相运行的故障最小范围

（1）首先以接触器 KM 主触头为分界点，在主触头的上方采用电压测量法，即采用万用表交流 500V 挡分别检测接触器 KM 主触头输入端三相电压 U_{U11V11}、U_{U11W11}、U_{V11W11} 的电压值，如图 1-3-11 所示。若三相电压值正常；就切断低

压断路器 QF 的电源，在主触头的下方采用电阻测量法，借助电动机三相定子绕组构成的回路，用万用表 R×100（或 R×1k）挡分别检测接触器 KM 主触头输出端的三相回路（即 U12 与 V12 之间、U12 与 W12 之间、V12 与 W12 之间）是否导通，若三相回路正常导通，则说明故障在接触器的主触头上。

图 1-3-11　主电路的测试方法　　　　　　　图 1-3-12　主触头的检测

（2）若检测出接触器 KM 主触头输入端三相电压值不正常，则说明故障范围在接触器主触头输入端上方。主触头检测的示意图如图 1-3-12 所示，具体操作方法即电压测量法查找故障点见表 1-3-5。若检测出接触器 KM 主触头输出端三相回路导通不正常，则说明故障范围在接触器主触头输出端下方。具体操作方法即电阻测量法查找故障点见表 1-3-6。

表 1-3-5　电压测量法查找故障点

检 测 步 骤	测试状态	测量标号	电压数值	故障点
		U11－V11	正常	故障出在 W 相支路上
		U11－W11	异常	
		V11－W11	异常	
	电 压 测 量 法	U11－V11	异常	故障在 U11 的连线上
		U11－W11	异常	
		V11－W11	正常	
		U11－V11	异常	故障在 V11 的连线上
		U11－W11	正常	
		V11－W11	异常	

表 1-3-6　电阻测量法查找故障点

检测步骤		测试状态	测量标号	电阻数值	故障点
		断开低压断路器QF，采用电阻测量法	U12－V12	正常	故障出在 W12 与 W 之间的连线上和 FR 的 W 相的热元器件及定子绕组和星点上，然后用电阻分段测量法查找出故障点
			U12－W12	异常	
			V12－W12	异常	
			U12－V12	异常	故障出在 U12 与 U 之间的连线上和 FR 的 U 相的热元器件及定子绕组和星点上，然后用电阻分段测量法查找出故障点
			U12－W12	异常	
			V12－W12	正常	
			U12－V12	异常	故障出在 V12 与 V 之间的连线上和 FR 的 V 相的热元器件及定子绕组和星点上，然后用电阻分段测量法查找出故障点
			U12－W12	正常	
			V12－W12	异常	

① 在采用电压测量法检测接触器主触头输入端三相电源电压是否正常时，应将万用表的转换开关拨至交流 500V 挡，方可进行测量，以免烧毁万用表。

② 如果电压 U_{U11V11} 正常，U_{U11W11} 和 U_{V11W11} 不正常，则说明接到接触器主触头上方的 U、V 两相的电源没有问题，故障出在 W 相；此时可任意将万用表的一支表笔固定在 U11 或 V11 的接线柱上，另一支表笔则搭接在低压断路器 QF 输出端的 W11 接线柱上，若测得的电压值正常，再将表笔搭接在低压断路器 QF 输出端的 W10 接线柱上，如测得的电压值不正常，则说明 W 相的熔断器 FU 中的熔丝烧断。

③ 在采用电阻测量法检测接触器主触头输出端三相回路是否导通正常时，应先切断低压断路器 QF，然后将万用表的转换开关拨至 R×100（或 R×1k）挡，方可进行测量，以免操作错误烧毁万用表或发生触电安全事故。

2）控制电路的故障现象、分析及检修

【故障现象 1】按下启动按钮 SB2 后，接触器 KM 不吸合，电动机 M 转子不转动。

【故障分析】采用逻辑分析法对故障现象进行分析可知，故障范围应在控制回路上。其故障最小范围可用虚线表示，如图 1-3-13 所示。

【故障检修】根据如图 1-3-13 所示的故障最小范围，采用电压测量法或者采用验电笔测量法进行检测。此处只介绍电压测量法。

采用电压测量法进行检测时，先将万用表的量程选择开关拨至交流 500V 挡，电压测量法查找故障点的过程详见表 1-3-7。

图 1-3-13 故障最小范围

表 1-3-7 电压测量法查找故障点

故障现象	测试状态	测量标号	电压数值	故障点
合上低压断路器QF，按下启动按钮SB2后，接触器KM不吸合，电动机M转子不转动	电压测量法	U11－V11	正常	故障在控制回路上
		U11－V11	异常	V 相的 FU1 熔丝断
		U11－V10	正常	
		U10－V11	异常	
		U11－V11	异常	U 相的 FU1 熔丝断
		U11－V10	异常	
		U10－V11	正常	
		U11－V11	异常	断路器 QF 的 U 相触头接触不良
		U10－V11	异常	
		L1－V11	正常	
		U11－V11	异常	断路器 QF 的 V 相触头接触不良
		U10－V10	异常	
		L2－U11	正常	
		1－0	异常	V 相的 FU2 熔丝断
		V11－1	正常	
		1－0	异常	U 相的 FU2 熔丝断
		U11－0	正常	
		1－0	正常	热继电器 FR 常闭触头接触不良
		0－2	异常	
		1－0	正常	停止按钮 SB1 接触不良
		0－2	正常	
		0－3	异常	
		1－0	正常	接触器 KM 线圈断路或接触不良
		1－4	异常	
		3－4	正常	启动按钮 SB2 接触不良

【故障现象 2】按下启动按钮 SB2 后，接触器 KM 吸合，电动机 M 转动，松开启动按钮后，接触器 KM 断电，电动机 M 停止。

【故障分析】采用逻辑分析法对故障现象进行分析可知，该现象典型的是接触器不能自锁，故障范围应在自锁回路上。其故障最小范围可用虚线表示，如图 1-3-14 所示。

图 1-3-14　接触器不能自锁的故障最小范围

【故障检修】根据如图 1-3-14 所示的故障最小范围，可以采用电压测量法或者采用验电笔测量法进行检测。具体方法如下：

以接触器 KM 的自锁触头（辅助常开触头）为分界点，可采用电压测量法或者采用验电笔测量法测量接触器 KM 的自锁触头两端接线柱 3 与 4 之间的电压是否正常。若两端的电压正常，则故障点一定是自锁触头接触不良；若电压异常，则故障点一定在与自锁触头连接的自锁回路的导线接触不良或断路。

检查评议

对任务实施的完成情况进行检查，并将结果填入表 1-3-8。

表 1-3-8　任务测评表

序号	主要内容	考核要求	评分标准	配分	扣分	得分
1	热继电器校验	按照热继电器的校验步骤及工艺要求，进行热继电器的校验	1.不能根据图纸接线，扣 10 分 2.互感器量程选择不当，扣 5 分 3.操作步骤错误，每步扣 2 分 4.电流表未调零或读数不准确，扣 2 分 5.不会调整电流整定值，扣 5 分	10		
2	线路安装检修	根据任务，按照电动机基本控制线路的安装步骤和工艺要求，进行线路的安装与检修	1.按图接线，不按图接线扣 10 分 2.元器件安装正确、整齐、牢固，否则一个扣 2 分 3.配线整齐美观，横平竖直、高低平齐，转角 90°，否则每处扣 2 分 4.线头长短合适，线耳方向正确，无松动，否则每处扣 1 分 5.配线齐全，否则一根扣 5 分 6.编码套管安装正确，否则每处扣 1 分 7.通电试车功能齐全，否则扣 40 分	50		

续表

序号	主要内容	考核要求	评分标准	配分	扣分	得分
3	线路故障检修	人为设置隐蔽故障 2 个，根据故障现象，正确分析故障原因及故障范围，采用正确的故障检修方法，排除线路故障	1.不能根据故障现象画出故障最小范围扣10分 2.故障检修错误扣 5～10 分 3.故障排除后，未能在线路图中用"×"标出故障点，扣 10 分 4.故障排除完全。只能排除 1 个故障扣 15 分，2 个故障都未能排除扣 30 分	30		
4	安全文明生产	劳动保护用品穿戴整齐；电工工具佩带齐全；遵守操作规程；尊重老师，讲文明礼貌；考试结束要清理现场	1. 操作中，违反安全文明生产考核要求的任何一项扣 2 分，扣完为止 2. 当发现学生有重大事故隐患时，要立即予以制止，并每次扣安全文明生产总分 5 分	10		
合 计						
开始时间：			结束时间：			

问题及防治

在学生进行接触器自锁控制线路的安装、检修与维修实训过程中，时常会遇到如下问题。

问题 1：在进行自锁回路的接线时，误将 KM 的常开触头接成常闭触头。

后果及原因：在进行自锁回路的接线时，误将 KM 的常开触头接成常闭触头。如果这样，当合上电源开关 QF 后，还未按下启动按钮 SB2，接触器会交替接通和分断，造成电动机时转时停，无法正常控制。

预防措施：在进行按钮接线前，应通过万用表确认常开触头后，再进行接线。

问题 2：在检测电动机 M 缺相运行的电气故障时，没有按下停止按钮 SB1，直接在接线端子排上测量电动机 U、V、W 之间的三相电压是否正常。

后果及原因：在检测电动机 M 缺相运行的电气故障时，没有按下停止按钮 SB1，直接在接线端子排上测量电动机 U、V、W 之间的三相电压，会造成电动机长时间缺相运行，严重时会损坏电动机。

预防措施：当发现电动机 M 缺相运行的电气故障时，应立即按下停止按钮 SB1，使接触器 KM 主触头处于断开状态，断开主轴电动机 M 三相定子绕组的电源，然后在接触器 KM 主触头输入端采用电压测量法进行检测，接着断开总电源，在接触器 KM 主触头输出端采用电阻测量法进行检测。

知识拓展

一、三相笼型异步电动机点动与连续混合控制电路

在生产实际中，常常需要对一台电动机既能实现点动控制，又能实现自锁控制，即在需要点动控制时，电路实现点动控制功能；在正常运行时，又能保持电动机连续运行

的自锁控制。我们将这种电路称为连续与点动混合控制电路。常见的连续与点动混合正转控制电路有两种：一是手动开关控制的连续与点动混合正转控制线路；二是复合按钮控制的连续与点动混合正转控制线路。三相笼型异步电动机连续与点动混合控制电路如图 1-3-15 所示。

(a)手动开关控制的连续与点动混合正转控制线路

(b)复合按钮控制的连续与点动电路

图 1-3-15 三相笼型异步电动机连续与点动混合控制电路

二、三相笼型异步电动机多地控制电路

能在两地或两地以上的地方控制同一台电动机的控制方式，称为电动机的多地控制。如图 1-3-16 所示为两地控制一台电动机正转控制线路的原理图。

图 1-3-16　两地控制一台电动机正转控制线路

项目测试题

一、填空题（请将正确的答案填在横线空白处）

1. HK 系列开启式负荷开关,适用于交流频率 50Hz、额定电压单相 220V 或三相 380V、额定电流_____至_____的照明、电热设备及小容量电动机控制电路中,供手动和不频繁_____和_____电路,并起_____保护。

2. 适用于交流频率 50Hz、额定电压 380V 以下、或直流 220V 及以下的电气线路中,用于手动不频繁地接通和分断电路、_____电源和负载,或控制_____kW 以下小容量电动机的直接启动、停止和_____。

3. 熔断器在使用时应_____在所保护的电路中,当该电路发生_____或_____故障时,通过熔断器的电流达到或超过了某一规定值,以其自身产生的_____使熔体熔断而自动切断电路,起到保护作用。

4. 开启式负荷开关必须_____安装在控制屏或开关板上,且合闸状态时手柄应_____。不允许_____,更不允许_____,以防发生误合闸事故。

5. 在进行开启式负荷开关的接线时,应把_____接在静触头一边的进线座,_____接在动触头一边的出线座。

6. 封闭式负荷开关必须_____安装于无强烈震动和冲击的场合,安装高度一般离地不低于_____,外壳必须可靠_____,并以操作方便和安全为原则。

7. 按钮的触头容量一般不超过_____A,一般情况下不用它直接控制_____的通断,而是在_____中发出指令信号去控制_____、_____等电器,再由它们去控制_____的通断、功能转换或电气连锁。

8. 按钮一般由_____、_____、_____、支柱连杆及外壳等部分组成。按在不受外力作用时触头的分合状态划分,按钮分为_____、_____和_____。

9．启动按钮可选用_____色、_____色或_____色，优先选用_____色；急停按钮的红色不应依赖于其_____。

10．交流接触器的电磁系统主要由_____、_____和_____三部分组成。

11．为了减小工作过程中交变磁场在铁芯中产生的_____及_____损耗，避免铁芯过热，交流接触器的铁芯和衔铁一般用_____压叠而成。

12．交流接触器触头的常见故障有_____、_____和_____。

13．欠压保护是指当线路_____下降到低于某一数值时，电动机能自动切断电源停转，避免电动机在_____下运行的一种保护。

14．失压保护是指电动机在正常运行中，由于外界某种原因引起突然_____时，能自动切断电动机电源；当重新_____时，保证电动机不能自动启动的一种保护。

15．热继电器是利用流过继电器的_____所产生的热效应而_____动作的自动保护电器。

16．热继电器使用时，需要将热元件_____在主电路中，常闭触头_____在控制电路中。

二、选择题（将正确答案的序号填入括号内）

1．对一台启动频繁且连续运行的电动机的短路保护，熔体的额定电流 I_{RN} 应大于或等于（　　）倍电动机额定电流 I_N。

    A．1.5～2　　　　B．2.5～3　　　　C．3～3.5　　　　D．4

2．对一台不经常启动且启动时间不长的电动机的短路保护，熔体的额定电流 I_{RN} 应大于或等于（　　）倍电动机额定电流 I_N。

    A．1.5～2.5　　　B．2.5～3　　　　C．3～3.5　　　　D．4

3．断路器的极限通断能力应（　　）电路的最大短路电流。

    A．大于　　　　　B．等于　　　　　C．小于　　　　　D．无所谓

4．用于控制小型异步电动机的运转时，组合开关的额定电流一般取电动机额定电流的（　　）倍。

    A．1.5～2.5　　　B．2.5～3　　　　C．3～3.5　　　　D．4

5．HK 开启式负荷开关用于一般的照明电路和功率小于（　　）kW 的电动机控制线路中。

    A．5.5　　　　　B．7.5　　　　　C．10　　　　　D．15

6．按下复合按钮时（　　）。

    A．常开触头先闭合　　　　　　　　B．常闭触头先断开

    C．常开、常闭触头同时动作

7．按钮帽的颜色和符号标志是用来（　　）。

    A．注意安全　　　B．引起警惕　　　C．区分功能

8．（　　）系列按钮只有一对常开触头和一对常闭触头。

    A．LA18　　　　B．LA19　　　　C．LA20

9．停止按钮应优先选用（　　）。

    A．红色　　　　　B．白色　　　　　C．黑色　　　　　D．棕色

10. 当线路较复杂，使用电器超过（　　）个时，从人身和设备安全角度考虑，接触器吸引线圈的电压要选低一些。

  A．2   B．5   C．10   D．15

11. 如果交流接触器衔铁吸合不紧，工作气隙较大，将导致（　　）。

  A．铁芯涡流增大 B．线圈电感增大 C．线圈电流增大

12. 交流接触器 E 型铁芯中柱端面留 0.1～0.2mm 的气隙是为了（　　）。

  A．减小振动 B．减小剩磁影响 C．利于散热

13. 交流接触器的铁芯端面装有短路环的目的是（　　）。

  A．减小铁芯振动 B．增大铁芯磁通 C．减缓铁芯冲击

14. 一般情况下，热元件的整定电流为电动机额定电流的（　　）倍。

  A．0.95～1.05 B．1.5～2.5   C．2～2.5   D．2.5～3

15. 热继电器产生误动作的原因是（　　）。

  A．热元件损坏 B．整定电流值偏大 C．整定电流值偏小

16. 当热继电器与其他电器安装在一起时，应注意将热继电器安装在其他电器的（　　），以免其动作特性受到其他电器发热的影响。

  A．上方   B．下方   C．中间   D．左边或者右边

17. 热继电器因电动机过载动作后，若需再次启动电动机，必须待热元件冷却后，才能使热继电器复位，一般自动复位时间不大于（　　）min。

  A．2   B．3   C．5   D．10

18. 热继电器因电动机过载动作后，若需再次启动电动机，必须待热元件冷却后，才能使热继电器复位，一般手动复位时间不大于（　　）min。

  A．2   B．3   C．5   D．10

三、判断题（在下列括号内，正确的打"√"，错误的打"×"）

1. 按下复合按钮时，其常开触头和常闭触头同时动作。（　　）

2. LA18 线路按钮的触头数目可根据需要拼装。（　　）

3. 启动按钮优先选用白色。（　　）

4. 当按下常开按钮然后在松开时，按钮便自锁接通。（　　）

5. 常闭按钮可作停止按钮。（　　）

6. 按下复合按钮时，其常开触头和常闭触头同时动作。（　　）

7. 接触器除了用来通断大电流外，还具有欠电压和过电压保护功能。（　　）

8. 接触器按线圈通过的电流种类，分为交流接触器和直流接触器两种。（　　）

9. 所谓触头的常开和常闭是指电磁系统通电动作后的触头状态。（　　）

10. 接触器线圈通电时，常开触头先闭合，常闭触头再断开。（　　）

11. 银或银基合金触头表面的氧化层对触头的接触性能影响不大，维修时可不作处理。（　　）

12. 触头间的接触面越光滑，其接触电阻越小。（　　）

13. 修整触头时，不允许使用砂布或砂轮。（　　）

14. 交流接触器在线圈电压小于 $85\%U_N$ 时也能正常工作。（　　）

四、简答题

1．简述低压熔断器的选用原则。

2．开启式负荷开关安装时应注意哪些问题？

3．简述低压断路器的工作原理。

4．什么是触头熔焊？交流接触器主触头熔焊的原因有哪些？

5．与交流接触器相比，直流接触器的电磁系统有何特点？

6．绘出点动正转控制线路的电气原理图，并写出其控制原理。

7．简述双金属片式热继电器的工作原理。它的热元件和常闭触头如何接入电路中？

8．如何选用热继电器？

9．热继电器能否作短路保护？为什么？

10．简述复合按钮控制的连续与点动混合正转控制线路的工作原理。

11．在进行复合按钮控制的连续与点动混合正转控制线路的接线时，误将 SB3 的常开触头接成常闭触头，而将常闭触头接成常开触头后会造成什么样的后果？

项目 2 三相笼型异步电动机正反转控制线路的安装与检修

任务 1 倒顺开关控制电动机正反转控制电路的安装与检修

知识目标：

1. 掌握倒顺开关的结构、用途及工作原理和选用原则。
2. 能正确识读倒顺开关控制电动机正反转控制电路的原理图、接线图和布置图。

能力目标：

1. 会按照工艺要求正确安装倒顺开关控制电动机正反转控制电路。
2. 能根据故障现象，检修倒顺开关控制电动机正反转控制电路。

素质目标：

养成独立思考和动手操作的习惯，培养小组协调能力和互相学习的精神。

 工作任务

在生产实践中，有许多生产机械，对电动机不仅需要正转控制，同时还需要反转控制，如图 2-1-1 所示就是典型的倒顺开关控制电动机正反转控制电路。本次任务的主要内容是：完成对倒顺开关控制电动机正反转控制电路的安装与检修。

图 2-1-1　倒顺开关控制电动机正反转控制电路

相关知识

一、倒顺开关

倒顺开关是组合开关的一种，也称可逆转换开关，是专为控制小容量三相异步电动机的正反转而设计生产的一种专用开关，其外形和结构如图 2-1-2 所示。

(a)外形　　　　　　　　(b)结构

图 2-1-2　倒顺开关

倒顺开关的手柄有"倒"、"停"、"顺"三个位置，手柄只能从"停"的位置左转 45° 或右转 45°。其在电路图中的符号如图 2-1-3 所示。

图 2-1-3　倒顺开关的符号

倒顺开关的型号规格意义如下。

二、原理分析

根据对如图 2-1-1 所示的倒顺开关控制电动机正反转控制电路的分析，其工作原理见表 2-1-1。

表 2-1-1　倒顺开关控制电动机正反转控制电路的原理分析

手柄位置	倒顺开关 QS 的状态	电路状态	电动机状态
停	QS 的动、静触头不接触	电路不通（开路）	电动机不转
顺	QS 的动触头与左边静触头相接触	按 L1-U，L2-V，L3-W 接通	电动机正转
倒	QS 的动触头与右边静触头相接触	按 L1-W，L2-V，L3-U 接通	电动机反转

 倒顺开关正反转控制电路虽然所用的控制电器较少，电路也比较简单，但它是一种手动控制电路；在频繁换向时，操作安全性差，所以仅适用于控制额定电流为 10A、功率在 3kW 以下的小功率电动机的直接正反转启停控制。

 任务准备

实施本任务教学所使用的实训设备及工具材料可参考表 2-1-2。

表 2-1-2　实训设备及工具材料

序号	名　　称	型 号 规 格	单位	数量	备注
1	电工常用工具		套	1	
2	万用表	MF47 型	块	1	
3	三相四线电源	AC3×380/220V、20A	处	1	
4	三相电动机	Y112M-4，4kW、380V、△接法；或自定	台	1	
5	配线板	500mm×600mm×20mm	块	1	
6	倒顺开关	HY2-30	个	1	
7	熔断器 FU1	RL1-60/25，380V，60A，熔体配 25A	套	3	
8	木螺钉	ϕ3×20mm；ϕ3×15mm	个	30	
9	平垫圈	ϕ4mm	个	30	
10	圆珠笔	自定	支	1	
11	主电路导线	BVR-1.5，1.5mm²（7×0.52mm）（黑色）	m	若干	
12	接地线	BVR-1.5，1.5mm²（黄绿双色）	m	若干	

 任务实施

一、倒顺开关控制电动机正反转控制电路的安装与检修

1．绘制元器件布置图和接线图

读者可参照前面绘制的方法进行绘制，在此不再赘述。

2．元器件规格、质量检查

（1）根据表 2-1-2 所示的元器件明细表，检查其各元器件、耗材与表中的型号与规格是否一致。

（2）检查各元器件的外观是否完整无损，附件、备件是否齐全。

（3）用仪表检查各元器件和电动机的有关技术数据是否符合要求。

3．根据元器件布置图安装固定低压电器元件

当元器件检查完毕后，按照所绘制的元器件布置图安装和固定电器元件。安装和固定电器元件的步骤和方法与前面任务基本相同。

4．根据电气原理图和安装接线图进行配线

当元器件安装完毕后，按照如图 2-1-1 所示的原理图和安装接线图进行板前明线配线。配线的工艺要求与前面任务相同，在此仅就倒顺开关内部的连线进行介绍，HY2 系列倒顺开关的接线图如图 2-1-4 所示。

图 2-1-4　HY2 系列倒顺开关的接线图

倒顺开关安装要求：

① 电动机和倒顺开关的金属外壳必须可靠接地，且必须将接地线接到倒顺开关指定的接地螺钉上，切忌接在开关的外壳上。

② 倒顺开关的进出线接线切忌接错。接线时，应看清开关接线端子标记，保证标记为 L1、L2、L3 接电源，标记为 U、V、W 接电动机。否则，难免造成两相电源短路。

③ 作为临时性装置安装时，可移动的引线必须完整无损，中间不得有接头，引线的长度一般不超过 2m。若将倒顺开关安装在墙上（属于半移动形式）时，接到电动机的引线可采用 BVR1.5mm^2（黑色）塑铜线或 YHZ4×1.5mm^2 橡皮电缆线，并采用金属软管保护；若将开关与电动机一起安装在同一金属结构件或支架上（属移动形式）时，开关的电源进线必须采用四脚插头和插座连接，并在插座前装熔断器或再加装隔离开关。

5．电动机的连接

按照电动机铭牌上的接线方法，正确连接接线端子，然后将定子绕组的电源引入线接到倒顺开关的接线端子的 U、V、W 端子上，最后连接电动机的保护接地线。

6．自检

当线路安装完毕后，必须经过自检，并经指导教师确认无误后方可通电试车。自检的方法及步骤如下。

（1）万用表选用倍率适当的位置，并进行校零。将倒顺开关 QS 置于"停"的位置，然后将两支表笔分别接在 U、L1，V、L2，W、L3 上，测得的读数均为"∞"。

（2）将倒顺开关 QS 置于"顺"的位置，然后将两支表笔分别接在 U、L1，V、L2，W、L3 上，测得的读数均为"0"。

（3）将倒顺开关 QS 置于"倒"的位置，然后将两支表笔分别接在 U、L3，V、L2，W、L1 上，测得的读数均为"0"。

（4）用兆欧表检查线路的绝缘电阻的阻值应不小于 1MΩ。

7．通电试车

学生通过自检和教师确认无误后，在教师的监护下进行通电试车。其操作方法和步骤如下。

（1）通电检修前首先将倒顺开关 QS 置于"停"的位置，然后检查电源侧的电压是否正常。当电源电压正常后方可进行后续操作。

（2）正转控制。将倒顺开关 QS 置于"顺"的位置，此时 QS 的动触头与左边静触头相接触，电路按 L1-U，L2-V，L3-W 接通，电动机正转（顺时针旋转）。

（3）停止控制。将倒顺开关 QS 置于"停"的位置，此时 QS 的动触头与左边静触头分断，电路处于开路状态，电动机脱离电源停止。

（4）反转控制。将倒顺开关 QS 置于"倒"的位置，此时 QS 的动触头与右边静触头相接触，电路按 L1-W，L2-V，L3-U 接通，电动机反转（逆时针旋转）。

> 当电动机处于正转状态时，要使电动机反转，应先把倒顺开关的手柄扳到"停"的位置，使电动机先停转，然后再把手柄扳到"倒"的位置，使之反转。这是因为若直接把手柄由"顺"扳至"倒"的位置，电动机的定子绕组会因为电源突然反接而产生很大的反接电流，容易使电动机定子绕组因过热而损坏。同理，当电动机处于反转状态时，要使电动机正转，应先把倒顺开关的手柄扳到"停"的位置，使电动机先停转，然后再把手柄扳到"顺"的位置，使之正转。

二、倒顺开关控制电动机正反转控制电路的故障现象、分析及检修

【故障现象 1】将倒顺开关的手柄扳至"顺"或"倒"的位置时，电动机的转子均未转动或转得很慢，并发出"嗡嗡"声。

【故障分析】采用逻辑分析法对故障现象进行分析可知，这是典型的电动机缺相运行，其故障最小范围可用虚线表示，如图 2-1-5 所示。

【故障检修】首先将倒顺开关的手柄扳至"停"的位置，然后以倒顺开关的动、静触头为分界点，与电源相接的静触头一侧采用量电法进行检测，观察其电压是否正常；而与电动机连接的动触头一侧，在停电的状态下，采用万用表的电阻挡进行通路检测。检测方法如图 2-1-6 所示。

【故障现象 2】将倒顺开关的手柄扳至"顺"的位置时，电动机的转子未转动或转得很慢，并发出"嗡嗡"声；但将倒顺开关的手柄扳至"倒"的位置时，电动机运行正常。

图 2-1-5　故障最小范围

图 2-1-6　检测方法

【故障分析】采用逻辑分析法对故障现象进行分析可知，其故障最小范围可用虚线表示，如图 2-1-7 所示。

【故障检修】首先将倒顺开关的手柄扳至"停"的位置，然后用验电笔分别检测与 U11 和 W11 连接的 U 相和 W 相静触头的带电情况来判断故障点。

 想一想　练一练

若将倒顺开关的手柄扳至"倒"的位置时，电动机的转子未转动或转得很慢，并发出"嗡嗡"声；但将倒顺开关的手柄扳至"顺"的位置时，电动机运行正常，试画出故障最小范围，并说出故障检修。

图 2-1-7　故障最小范围

 检查评议

对任务实施的完成情况进行检查，并将结果填入表 2-1-3。

表 2-1-3　任务测评表

序号	主要内容	考核要求	评分标准	配分	扣分	得分
1	线路安装检修	根据任务，按照电动机基本控制线路的安装步骤和工艺要求，进行线路的安装与检修	1. 按图接线，不按图接线扣 10 分 2. 元器件安装正确、整齐、牢固，否则一个扣 2 分 3. 配线整齐美观，横平竖直、高低平齐，转角 90°，否则每处扣 2 分 4. 线头长短合适，线耳方向正确，无松动，否则一处扣 1 分 5. 配线齐全，否则一根扣 5 分 6. 编码套管安装正确，否则每处扣 1 分 7. 通电试车功能齐全，否则扣 40 分	60		

续表

序号	主要内容	考核要求	评分标准	配分	扣分	得分
2	线路故障检修	人为设置隐蔽故障 3 个，根据故障现象，正确分析故障原因及故障范围，采用正确的故障检修方法，排除线路故障	1. 不能根据故障现象画出故障最小范围扣 10 分 2. 故障检修错误扣 5～10 分 3. 故障排除后，未能在线路图中用"×"标出故障点，扣 10 分 4. 故障排除完全。只能排除 1 个故障扣 20 分，3 个故障都未能排除扣 30 分	30		
3	安全文明生产	劳动保护用品穿戴整齐；电工工具佩带齐全；遵守操作规程；尊重老师，讲文明礼貌；考试结束要清理现场	1. 操作中，违反安全文明生产考核要求的任何一项扣 2 分，扣完为止 2. 当发现学生有重大事故隐患时，要立即予以制止，并每次扣安全文明生产总分 5 分	10		
合 计						
开始时间：			结束时间：			

 问题及防治

在学生进行倒顺开关控制电动机正反转控制电路的安装、检修与维修实训过程中，时常会遇到如下问题。

问题：在进行倒顺开关控制电动机正反转运行控制的切换过程中，未将倒顺开关 QS 的手柄先扳到"停"的位置，而是很快地直接把手柄由"顺"扳至"倒"的位置或直接把手柄由"倒"扳至"顺"的位置。

后果及原因：在进行倒顺开关控制电动机正反转运行控制的切换过程中，未将倒顺开关 QS 的手柄先扳到"停"的位置，而是很快地直接把手柄由"顺"扳至"倒"的位置或直接把手柄由"倒"扳至"顺"的位置，会造成电动机的定子绕组因电源突然反接而产生很大的反接电流，容易使电动机定子绕组因过热而损坏。

预防措施：当电动机处于正转状态时，要使电动机反转，应先把倒顺开关的手柄扳到"停"的位置，使电动机先停转，然后再把手柄扳到"倒"的位置，使之反转。同理，当电动机处于反转状态时，要使电动机正转，应先把倒顺开关的手柄扳到"停"的位置，使电动机先停转，然后再把手柄扳到"顺"的位置，使之正转。

任务 2　三相笼型异步电动机接触器连锁
 正反转控制电路的安装与检修

知识目标：

1. 正确理解三相笼型异步电动机接触器连锁正反转控制电路的工作原理。

2. 能正确识读倒顺开关控制电动机正反转控制电路的原理图、接线图和布置图。

能力目标：

1. 会按照工艺要求正确安装三相笼型异步电动机接触器连锁正反转控制电路。

电动机控制线路安装与检修

2. 能根据故障现象，检修三相笼型异步电动机接触器连锁正反转控制电路。
素质目标：
养成独立思考和动手操作的习惯，培养小组协调能力和互相学习的精神。

工作任务

由于倒顺开关正反转控制是手动控制，其局限性较大，因此在现有的大量设备中，采用的是通过利用接触器切换主电路，改变三相笼型异步电动机定子绕组的三相电源相序来实现正反转控制的。如图 2-2-1 所示为三相笼型异步电动机接触器连锁正反转控制电路。本次任务的主要内容是：通过学习，完成对三相笼型异步电动机接触器连锁正反转控制电路的安装与检修。

图 2-2-1　三相笼型异步电动机接触器连锁正反转控制电路

 相关知识

一、原理分析

从图 2-2-1 所示的三相笼型异步电动机接触器连锁正反转控制电路中可看出，线路中采用了两个接触器，即正转用的接触器 KM1 和反转用的接触器 KM2，它们分别由正转按钮 SB1 和反转按钮 SB2 控制。从主电路中可以看出，这两个接触器的主触头所接通的电源相序也有所不同，KM1 按 L1—L2—L3 相序接线，而 KM2 按 L3—L2—L1 相序接线。相应的控制电路有两条，其中一条是由按钮 SB1 和接触器 KM1 线圈等组成的正转控制电路；另一条是由按钮 SB2 和接触器 KM2 线圈等组成的反转控制电路。其工作原理如下：

【正转控制】

【停止控制】

【反转控制】

接触器 KM1 和 KM2 的主触头绝不允许同时闭合，否则将造成两相电源（L1 相和 L3 相）短路事故。为了避免两个接触器 KM1 和 KM2 同时得电动作，在正反转控制电路中分别串联了对方接触器的一对辅助常闭触头。

当一个接触器得电动作时，通过其辅助常闭触头使另一个接触器不能得电动作，接触器之间这种相互制约的作用叫做接触器连锁（或互锁）。实现连锁作用的辅助常闭触头称为连锁触头（或互锁触头），连锁符号用"▽"表示。

二、线路特点

在接触器连锁正反转控制电路中，电动机从正转变为反转时，必须先按下停止按钮后，才可按下反转启动按钮，进行反转启动控制，否则由于接触器的连锁作用，不能实现反转。因此线路工作安全可靠，但操作不便。

 任务准备

实施本任务教学所使用的实训设备及工具材料可参考表 2-2-1。

表 2-2-1 实训设备及工具材料

序号	名 称	型 号 规 格	单位	数量	备注
1	电工常用工具		套	1	
2	万用表	MF47 型	块	1	
3	三相四线电源	AC3×380/220V、20A	处	1	
4	三相电动机	Y112M-4, 4kW、380V、△接法；或自定	台	1	
5	配线板	500mm×600mm×20mm	块	1	
6	低压断路器	规格自定	只	1	
7	接触器	CJ10-20，线圈电压 380V，20 A	个	2	
8	按钮	LA10-3H	个	1	
9	熔断器 FU1	RL1-60/25，380V，60A，熔体配 25A	套	3	
10	熔断器 FU2	RL1-15/2，380V，15A，熔体配 2A	套	2	
11	热继电器	JR20-10	只	1	
12	木螺钉	$\phi3\times20mm$；$\phi3\times15mm$	个	30	
13	平垫圈	$\phi4mm$	个	30	
14	圆珠笔	自定	支	1	
15	主电路导线	BVR-1.5，1.5mm²（7×0.52mm）（黑色）	m	若干	
16	接地线	BVR-1.5，1.5mm²（黄绿双色）	m	若干	

任务实施

一、接触器连锁正反转控制电路的安装与检修

1. 绘制元器件布置图和接线图

三相笼型异步电动机接触器连锁正反转控制线路的元器件布置图和接线图如图 2-2-2 所示。

(a)元器件布置图

(b)接线图

图 2-2-2 接触器连锁正反转控制线路的元器件布置图和接线图

2．元器件规格、质量检查

（1）根据表 2-2-1 所示的元器件明细表，检查其各元器件、耗材与表中的型号与规格是否一致。

（2）检查各元器件的外观是否完整无损，附件、备件是否齐全。

（3）用仪表检查各元器件和电动机的有关技术数据是否符合要求。

3．根据元器件布置图安装固定低压电器元件

当元器件检查完毕后，按照所绘制的元器件布置图安装和固定电器元件。安装和固定电器元件的步骤和方法与前面任务基本相同。

4．根据电气原理图和安装接线图进行配线

当元器件安装完毕后，按照如图 2-2-1 所示的原理图和安装接线图进行板前明线配线。在此仅就接触器的主触头和辅助触头的连线进行介绍，如图 2-2-3 所示。接线效果示意图如图 2-2-4 所示。

（1）主电路从 QF 到接线端子板 XT 之间走线方式与单向启动线路完全相同（参见图 2-2-2）。两只接触器主触点端子之间的连线可以直接在主触点高度的平面内走线，不必向下贴近安装底板，以减少导线的弯折，如图 2-2-3(b)所示。

（2）在进行辅助电路接线时，可先接好两只接触器的自锁线路，核查无误后再连接连锁线路。这两部分线路应反复核对，不可接错，如图 2-2-3(a)所示。

(a)自锁、连锁电路连线　　　　　(b)主电路连线

图 2-2-3　接线示意图

5．电动机的连接

按照电动机铭牌上的接线方法，正确连接接线端子，然后将定子绕组的电源引入线接到倒顺开关的接线端子的 U、V、W 端子上，最后连接电动机的保护接地线。

6．自检

当线路安装完毕后，必须经过自检，并经指导教师确认无误后方可通电试车。自检的方法及步骤如下。

图 2-2-4　接线效果示意图

1）主电路的检测

（1）检查各相通路。万用表选用倍率适当的位置，并进行校零，并断开熔断器 FU2 以切断控制回路。然后将两支表笔分别接 U11—V11、V11—W11 和 W11—U11 端子测量相间电阻值，测得的读数均为"∞"。再分别按下 KM1、KM2 的触头架，均应测得电动机两相绕组的直流电阻值。

（2）检测电源换相通路。首先将两支表笔分别接 U11 端子和接线端子板上的 U 端子，按下 KM1 的触头架时应测得的电阻值 R 趋于 0。然后松开 KM1 再按下 KM2 触头架，此时应测得电动机两相绕组的电阻值。用同样的方法测量 W11—W 之间通路。

2）控制电路检测

断开熔断器 FU1，切断主电路，接通 FU2，然后将万用表的两只表笔接于 QF 下端 U11、V11 端子做以下几项检查。

（1）检查正反转启动及停车控制。操作按钮前电路处于断路状态，此时应测得的电阻值为"∞"。然后分别按下 SB1 和 SB2 时，各应测得 KM1 和 KM2 的线圈电阻值。如同时再按下 SB1 和 SB2 时，应测得 KM1 和 KM2 的线圈电阻值的并联值（若两个接触器线圈的电阻值相同，则为接触器线圈电阻值的 1/2）。当分别按下 SB1 和 SB2 后，再按下停止按钮 SB3，此时万用表应显示线路由通而断。

（2）检查自锁回路。分别按下 KM1 及 KM2 触头架，应分别测得 KM1、KM2 的线圈电阻值，然后再按下停止按钮 SB3，此时万用表的读数应为"∞"。

（3）检查连锁线路。按下 SB1(或 KM1 触头架)，测得 KM1 线圈电阻值后，再轻轻按下 KM2 触头架使常闭触点分断（注意不能使 KM2 的常开触头闭合），万用表应显示线路由通而断；用同样方法检查 KM1 对 KM2 的连锁作用。

7．通电试车

学生通过自检和教师确认无误后，在教师的监护下进行通电试车。其操作方法和步骤如下。

1）空操作试验

合上电源开关 QF，做以下几项试验。

（1）正反向启动、停车控制。按下正转启动按钮 SB1，KM1 应立即动作并能保持吸合状态；按下停止按钮 SB3 使 KM1 释放；再按下反转启动按钮 SB2，则 KM2 应立即动作并保持吸合状态；再按下停止按钮 SB3，KM2 应释放。

（2）连锁作用试验。按下正转启动按钮 SB1 使 KM1 得电动作；再按下反转启动按钮 SB2，KM1 不释放且 KM2 不动作；按下停止按钮 SB3 使 KM1 释放，再按下反转启动按钮 SB2 使 KM2 得电吸合；按下正转启动按钮 SB1 则 KM2 不释放且 KM1 不动作。反复操作几次检查连锁线路的可靠性。

（3）用绝缘棒按下 KM1 的触头架，KM1 应得电并保持吸合状态；再用绝缘棒缓慢地按下 KM2 触头架，KM1 应释放，随后 KM2 得电再吸合；再按下 KM1 触头架，则 KM2 释放而 KM1 吸合。

 做此项试验时应注意：为保证安全，一定要用绝缘棒操作接触器的触头器。

2）带负荷试车

切断电源后，连接好电动机接线，装好接触器灭弧罩，合上 QF 试车。

试验正反向启动、停车、操作 SB1 使电动机正向启动；操作 SB1 停车后再操作 SB3 使电动机反向启动。注意观察电动机启动时的转向和运行声音，如有异常则立即停车检查。

二、接触器连锁正反转控制电路的故障现象、分析及检修

【故障现象 1】按下正反转启动按钮 SB1 或 SB2 后，接触器 KM1 或 KM2 均获电动作，但电动机的转子均未转动或转得很慢，并发出"嗡嗡"声。

【故障分析】采用逻辑分析法对故障现象进行分析可知，这是典型的电动机缺相运行，其最小故障范围可用虚线表示，如图 2-2-5 所示。

【故障检修】首先应按下停止按钮 SB3，使电动机迅速停止。然后以接触器 KM1 或 KM2 的主触头为分界点，与电源相接的静触头一侧采用量电法进行检测，观察其电压是否正常；而与电动机连接的动触头一侧，在停电的状态下，采用万用表的电阻挡进行通路检测，如图 2-2-6 所示。

【故障现象 2】按下正转启动按钮 SB1 后，接触器 KM1 获电动作，电动机运行正常；当按下反转启动按钮 SB2 后，接触器 KM2 获电动作，但电动机的转子未转动或转得很慢，并发出"嗡嗡"声。

图 2-2-5　故障最小范围　　　　　　　　　　　图 2-2-6　检测方法

【故障分析】采用逻辑分析法对故障现象进行分析可知,其故障最小范围可用虚线表示,如图 2-2-7 所示。

【故障检修】首先应按下停止按钮 SB3，使电动机迅速停止。然后以接触器 KM2 的主触头为分界点，与电源相接的静触头一侧采用量电法进行检测，观察其电压是否正常；而与电动机连接的动触头一侧，在停电的状态下，采用万用表的电阻挡进行通路检测，如图 2-2-8 所示。

图 2-2-7　故障最小范围　　　　　　　　　　　图 2-2-8　检测方法

若按下正转启动按钮 SB1 时，电动机的转子未转动或转得很慢，并发出"嗡嗡"声；但按下反转启动按钮 SB2 时，电动机运行正常，试画出故障最小范围，并说出故障检修。

对任务实施的完成情况进行检查，并将结果填入表 2-2-2。

表 2-2-2　任务测评表

序号	主要内容	考核要求	评分标准	配分	扣分	得分
1	线路安装检修	根据任务，按照电动机基本控制线路的安装步骤和工艺要求，进行线路的安装与检修	1.按图接线，不按图接线扣10分 2.元器件安装正确、整齐、牢固，否则一个扣2分 3.配线整齐美观，横平竖直、高低平齐，转角90°，否则每处扣2分 4.线头长短合适，线耳方向正确，无松动，否则一处扣1分 5.配线齐全，否则一根扣5分 6.编码套管安装正确，否则每处扣1分 7.通电试车功能齐全，否则扣40分	60		
2	线路故障检修	人为设置隐蔽故障3个，根据故障现象，正确分析故障原因及故障范围，采用正确的故障检修方法，排除线路故障	1.不能根据故障现象画出故障最小范围扣10分 2.故障检修错误扣5～10分 3.故障排除后，未能在线路图中用"×"标出故障点，扣10分 4.故障排除完全。只能排除1个故障扣20分，3个故障都未能排除扣30分	30		
3	安全文明生产	劳动保护用品穿戴整齐；电工工具佩带齐全；遵守操作规程；尊重老师，讲文明礼貌；考试结束要清理现场	1. 操作中，违反安全文明生产考核要求的任何一项扣2分，扣完为止 2. 当发现学生有重大事故隐患时，要立即予以制止，并每次扣安全文明生产总分5分	10		
合　计						
开始时间：			结束时间：			

问题及防治

在学生进行接触器连锁正反转控制电路的安装、检修与维修实训过程中，时常会遇到如下问题：

问题 1：在进行接触器连锁正反转控制线路的接线时，误将接触器线圈与自身的常闭触点串联，错误的接线方式如图 2-2-9 所示。

后果及原因：在进行接触器连锁正反转控制线路的接线时，误将接触器线圈与自身的常闭触点串联，不但起不到连锁作用，还会造成当按下启动按钮后出现控制电路时通时断的现象（即接触器跳动现象）。

预防措施：连锁触头不能用自身接触器的辅助常闭触头，而用对方接触器的辅助常闭触头，应把图中的两对触头对调。

问题 2：在进行接触器连锁正反转控制线路的接线时，误将接触器线圈与对方接触器的辅助常开触点串联，错误的接线方式如图 2-2-10 所示。

后果及原因：在进行接触器连锁正反转控制线路的接线时，误将接触器线圈与对方接触器的辅助常开触点串联，会造成当按下正反转启动按钮 SB1 和 SB2 后，接触器 KM1 和 KM2 均不动作。

图 2-2-9　错误的接法

图 2-2-10　错误的接法

　　预防措施：连锁触头不能用常开触头。应把连锁触头换成辅助常闭触头。

　　问题 3：在进行接触器连锁正反转控制线路的接线时，误将自锁触头接成对方的辅助常开触头，如图 2-2-11 所示。

　　后果及原因：在进行接触器连锁正反转控制线路的接线时，误将自锁触头接成对方的辅助常开触头，会造成正反转控制不能连续运行，出现正反转点动现象。其原因是自锁触头用对方接触器的辅助常开触头起不到自锁作用。

　　预防措施：若要使线路能连续工作，应把图中两对自锁触头换接。

图 2-2-11　错误的接法

知识拓展

　　三相笼型异步电动机正反转控制线路应用相当广泛，以下介绍几种常见的三相笼型异步电动机正反转控制线路，供读者参考。

1．按钮连锁正反转控制线路

　　接触器连锁正反转控制电路，其优点是安全可靠，缺点是操作不便。当电动机从正转变为反转时，必须先按下停止按钮后，才能按反转启动按钮，否则由于接触器的连锁作用，不能实现反转。为克服接触器连锁正反转控制电路操作不便的不足，可把正转按钮 SB1 和反转按钮 SB2 换成两个复合按钮，并使两个复合按钮的常闭触头代替接触器的连锁触头，这就构成了按钮连锁的正反转控制线路，如图 2-2-12 所示。

图 2-2-12　按钮连锁正反转控制线路

2．双重连锁正反转控制电路

如图 2-2-13 所示是双重连锁正反转控制电路，该线路具有接触器连锁和按钮连锁电路的优点，操作方便，工作安全可靠，在生产实际中有广泛的应用。

图 2-2-13　双重连锁正反转控制电路

3．三个接触器控制正反转控制电路

三个接触器控制正反转控制电路如图 2-2-14 所示。

图 2-2-14　三个接触器控制正反转控制电路

4．双重连锁正反转两地控制线路

双重连锁正反转两地控制线路如图 2-2-15 所示。

图 2-2-15　双重连锁正反转两地控制线路

5．正反转点动与连续控制线路

正反转点动与连续控制线路如图 2-2-16 所示。

图 2-2-16 正反转点动与连续控制线路

项目测试题

一、选择题（请将正确的答案序号填入括号内）

1．三相交流异步电动机旋转方向由（　　）决定。

　　A．电动势方向　　B．电流方向　　　C．频率　　　　　D．旋转磁场方向

2．要使三相笼型异步电动机反转，只要（　　）就能完成。

　　A．降低电压　　　　　　　　　　　　B．降低电流

　　C．将任意两根电源线对调　　　　　　D．降低电路功率

3．三相交流异步电动机正反转控制的关键是改变（　　）。

　　A．电源电压　　　B．电源相序　　　C．电源电流　　　D．负载大小

4．实现三相笼型异步电动机正反转是（　　）实现的。

　　A．正转接触器的常闭触点和反转接触器的常闭触点连锁

　　B．正转接触器的常开触点和反转接触器的常开触点连锁

　　C．正转接触器的常闭触点和反转接触器的常开触点连锁

　　D．正转接触器的常开触点和反转接触器的常闭触点连锁

5．正反转控制电路中，在实际工作中最常用、最可靠的是（　　）。

　　A．倒顺开关　　　　　　　　　　　　B．接触器连锁

　　C．按钮连锁　　　　　　　　　　　　D．按钮、接触器双重连锁

6．按复合按钮时，（　　）。

　　A．常开先闭合，常闭后断开　　　　　B．常开先断开，常开后闭合

　　C．常开、常闭同时动作　　　　　　　D．常闭动作，常开不动作

　　7．在操作按钮连锁或按钮、接触器双重连锁的正反转控制电路中，要使电动机从正转改为反转，正确的操作方法是（　　）。

　　A．可直接按下反转启动按钮

　　B．可直接按下正转启动按钮

C．必须先按下停止按钮，再按下反转启动按钮

D．必须先按下停止按钮，再按下正转启动按钮

二、判断题（正确的打"√"，错误的打"×"）

1．在接触器连锁正反转控制线路中，正反转接触器有时可以同时闭合。　　（　　）

2．为了保证三相笼型异步电动机实现反转，正反转接触器的主触头必须按相同的顺序并联后串联到主电路中。　　　　　　　　　　　　　　　　　　　　　　　　（　　）

3．在接触器正反转的控制电路中，若正转接触器和反转接触器同时通电会发生两相电源短路。　　　　　　　　　　　　　　　　　　　　　　　　　　　　　　　　　　（　　）

4．当一个接触器得电动作时，通过其辅助常开触头使另一个接触器不能得电动作，叫连锁。　　　　　　　　　　　　　　　　　　　　　　　　　　　　　　　　　　　　（　　）

5．只有改变三相电源中的 U—W 相，才能使电动机反转。　　　　　　　（　　）

三、分析题

1．试分析判断如图 2-2-17 所示主电路能否实现正反转控制？若不能，试说明其原因。

图 2-2-17　主电路

2．试分析判断如图 2-2-18 所示控制电路能否实现正反转控制？若不能，试说明其原因。

四、简答题

1．简述倒顺开关控制电动机正反转控制线路的工作原理。

2．在进行倒顺开关控制电动机正反转运行控制的切换过程中应注意哪些问题？

3．什么叫连锁控制？在电动机正反转控制线路中为什么必须有连锁控制？

五、设计题

1．试画出带点动和连续运行的接触器连锁正反转控制线路的电路图。

2．某车床有两台电动机，一台是主轴电动机，要求能实现正反转控制；另一台是冷却泵电动机，只要求正转控制；两台电动机都要求有短路、过载、欠压和失压保护功能，试设计满足要求的电路图。

图 2-2-18 控制电路

项目 3 位置控制与顺序控制线路的安装与检修

任务 1 位置控制电路的安装与检修

知识目标：

1. 掌握行程开关的结构、用途及工作原理和选用原则。
2. 正确理解位置控制电路的工作原理。
3. 能正确识读位置控制电路的原理图、接线图和布置图。

能力目标：

1. 会按照工艺要求正确安装位置控制电路。
2. 能根据故障现象，检修位置控制电路。

素质目标：

养成独立思考和动手操作的习惯，培养小组协调能力和互相学习的精神。

工作任务

在生产过程中，一些生产机械运动部件的行程或位置要受到限制，如在摇臂钻床、万能铣床、镗床、桥式起重机及各种自动或半自动控制的机床设备中就经常遇到这种控制。如图 3-1-1 所示为工厂车间里常采用的行车的位置控制电路。本次任务的主要内容是：学习行程开关的选择与检测方法，完成对位置控制电路的安装与检修。

相关知识

一、行程开关

行程开关是一种利用生产机械某些运动部件的碰撞来发出控制指令的主令电器。主要用于控制生产机械的运动方向、速度、行程大小或位置，是一种自动控制电器。其作用原理与按钮相同，区别在于它不是靠手指的按压使其触头动作，而是利用生产机械运动部件的碰压使其触头动作，从而将机械信号转变为电信号，使运动机械按一定的位置或行程实现自动停止、反向运动、变速运动或自动往返运动等。

1. 行程开关的结构、符号、动作原理及型号意义

机床中常用的行程开关有 LX19 和 JLXK1 等系列，各系列行程开关的基本结构大体相

同，都是由操作机构、触头系统和外壳组成的，如图 3-1-2(a)所示，行程开关在电路图中的符号如图 3-1-2(b)所示。

图 3-1-1 位置控制电路

（1）结构及符号。以某种行程开关元器件为基础，装配不同的操作机构，可以得到各种不同形式的行程开关，常见的有按钮式（直动式）行程开关和旋转式（滚轮式）行程开关，如图 3-1-3 所示。

图 3-1-2 行程开关的结构及符号

(a) 直动式（按钮式）　　　(b) 单轮旋转式　　　(c) 双轮旋转式

图 3-1-3 行程开关外形图

（2）动作原理。当运动机械的挡铁撞到行程开关的滚轮上时，传动杠杆连同转轴一起转动，使滚轮撞动撞块，当撞块被压到一定位置时，推动微动开关快速动作，其常闭触头断开、常开触头闭合；滚轮上的挡铁移开后，复位弹簧就使行程开关各部分复位。这种单轮旋转式行程开关能自动复位，还有一种直动式（按钮式）也是依靠复位弹簧复位的。双轮旋转式行程开关不能自动复位，依靠运动机械反向移动，挡铁碰撞另一侧滚轮时将其复位。

行程开关的触头类型有一常开一常闭、一常开二常闭、二常开一常闭、二常开二常闭等形式。动作方式可分为瞬动式、蠕动式和交叉从动式三种。动作后的复位方式有自动复位和非自动复位两种。

（3）型号意义。LX19 系列和 JLXK1 系列行程开关的型号及含义如下。

二、工作原理分析

图 3-1-1 所示的位置控制线路的工作原理如下。

【启动控制】

首先合上电源开关 QF。

按下SB2 ⟶ KM2线圈得电 ⟶ KM2自锁触头闭合自锁
⟶ KM2主触头闭合 ⟶ 电动机M反转 ⟶
⟶ KM2连锁触头分断对KM2连锁

⟶ 工作台右移 ⟶ 至限定位置挡铁1撞击SQ2 ⟶ SQ2常闭点断开 ⟶ KM2线圈失电 ⟶

⟶ KM2自锁触头分断解除自锁
⟶ KM2主触头复位断开 ⟶ 电动机M停转
⟶ KM2连锁触头闭合解除对KM1连锁

【停止控制】需要停止时，只需按下停止按钮 SB3 即可。

任务准备

实施本任务教学所使用的实训设备及工具材料可参考表 3-1-1。

表 3-1-1　实训设备及工具材料

序号	名　称	型 号 规 格	单位	数量	备注
1	电工常用工具		套	1	
2	万用表	MF47 型	块	1	
3	三相四线电源	AC3×380/220V，20A	处	1	
4	三相电动机	Y112M-4，4kW、380V、△接法；或自定	台	1	
5	配线板	500mm×600mm×20mm	块	1	
6	低压断路器	DZ5-20/330	只	1	
7	接触器	CJ10-20，线圈电压 380V，20 A	个	1	
8	熔断器 FU1	RL1-60/25，380V，60A，熔体配 25A	套	3	
9	熔断器 FU2	RL1-15/2，380V，15A，熔体配 2A	套	2	
10	热继电器	JR16-20/3，三极，20A	只	1	
11	按钮	LA10-3H	只	1	
12	位置开关	JLXK1-111，单轮旋转式	只	2	
13	木螺钉	ϕ3×20mm；ϕ3×15mm	个	30	
14	平垫圈	ϕ4mm	个	30	
15	圆珠笔	自定	支	1	
16	主电路导线	BVR-1.5，1.5mm^2（7×0.52mm）（黑色）	m	若干	
17	控制电路导线	BVR-1.0，1.0mm^2（7×0.43mm）	m	若干	
18	按钮线	BVR-0.75，0.75mm^2	m	若干	
19	接地线	BVR-1.5，1.5mm^2（黄绿双色）	m	若干	
20	行线槽	18mm×25mm	m	若干	
21	编码套管	自定	m	若干	

任务实施

一、位置控制电路的安装与检修

1．绘制元器件布置图和接线图

位置控制线路的元器件布置图和实物接线图如图 3-1-4 所示。

(a)元器件布置图

(b)实物接线图

图 3-1-4　位置控制线路的元器件布置图和实物接线图

2. 元器件规格、质量检查

（1）根据表 3-1-1 所示的元器件明细表，检查其各元器件、耗材与表中的型号与规格是否一致。

（2）检查各元器件的外观是否完整无损，附件、备件是否齐全。

（3）用仪表检查各元器件和电动机的有关技术数据是否符合要求。

3．根据元器件布置图安装固定低压电器元件

当元器件检查完毕后，按照所绘制的元器件布置图安装和固定电器元件。安装和固定电器元件的步骤和方法与前面任务基本相同。在此仅就行程开关的安装和使用进行介绍。

（1）行程开关安装时，安装位置要准确，安装要牢固；滚轮的方向不能装反，挡铁与其碰撞的位置应符合控制线路的要求，并确保能可靠地与挡铁碰撞。

（2）行程开关在使用中，要定期检查和保养，除去油垢及粉尘，清理触头，经常检查其动作是否灵活、可靠，及时排除故障。防止因行程开关触头接触不良或接线松脱产生误动作而导致设备和人身安全事故。

4．根据电气原理图和安装接线图进行行线槽配线

当元器件安装完毕后，按照如图 3-1-1 所示的原理图和如图 3-1-4 所示的安装接线图进行板前行线槽配线。板前行线槽配线的工艺要求与前面任务有所不同，具体工艺要求如下。

1）走线槽的安装工艺要求

安装走线槽时，应做到横平竖直、排列整齐匀称、安装牢固和便于走线等。

2）板前线槽配线工艺要求

（1）所有导线的截面积在等于或大于 0.5mm² 时，必须采用软线。考虑机械强度的原因，所用导线的最小截面积，在控制箱外为 1mm²，在控制箱内为 0.75mm²。但对控制箱内通过很小电流的电路连线，如电子逻辑电路，可用 0.2mm²，并且可以采用硬线，但只能用于不移动又无振动的场合。

（2）布线时，严禁损伤线芯和导线绝缘。

（3）各电器元件接线端子引出导线的走向，以元器件的水平中心线为界限，在水平中心线以上接线端子引出的导线，必须进入元器件上面的走线槽；在水平中心线以下接线端子引出的导线，必须进入元器件下面的走线槽。任何导线都不允许从水平方向进入走线槽内。

（4）各电器元件接线端子上引出或引入的导线，除间距很小或元器件机械强度很差时允许直接架空敷设外，其他导线必须经过走线槽进行连接。

（5）进入走线槽内的导线要完全置于走线槽内，并应尽可能避免交叉，装线不要超过其容量的 70%，以便于能盖上线槽盖和以后的装配及维修。

（6）各电器元件与走线槽之间的外露导线，应走线合理，并尽可能做到横平竖直，变换走向要垂直。同一个元器件上位置一致的端子和同型号电器元件中位置一致的端子上，引出或引入的导线，要敷设在同一平面上，并应做到高低一致或前后一致，不得交叉。

（7）所有接线端子、导线线头上，都应套有与电路图上相应接点线号一致的编码套管，并按线号进行连接，连接必须牢靠，不得松动。

（8）在任何情况下，接线端子都必须与导线截面积和材料性质相适应。当接线端子不适合连接软线或较小截面积的软线时，可以在导线端头穿上针形或叉形轧头并压紧。

（9）一般一个接线端子只能连接一根导线，如果采用专门设计的端子，可以连接两根

或多根导线，但导线的连接方式必须是公认的、在工艺上成熟的方式，如夹紧、压接、焊接、绕接等，并应严格按照连接工艺的工序要求进行。

如图 3-1-5 所示是本任务行线槽配线效果图。

图 3-1-5　位置控制线路行线槽配线效果图

5．电动机的连接

按照电动机铭牌上的接线方法，正确连接接线端子，然后将定子绕组的电源引入线接到接线端子的 U、V、W 端子上，最后连接电动机的保护接地线。

6．自检

当线路安装完毕后，必须经过自检，并经指导教师确认无误后方可通电试车。自检的方法及步骤与前面任务相似，在此不再赘述，读者可自行分析。

7．通电试车

学生通过自检和教师确认无误后，在教师的监护下进行通电试车。其操作方法和步骤如下。

1）空操作试验

合上电源开关 QF，按照前面任务中双重连锁的正反转控制线路的试验步骤检查各控制、保护环节的动作。试验结果一切正常后，再按下 SB1 使 KM1 得电动作，然后用绝缘棒按下 SQ1 的滚轮，使其触点分断，则 KM1 应失电释放。用同样的方法检查 SQ2 对 KM2 的控制作用。反复操作几次，检查限位控制线路动作的可靠性。

2）带负荷试车

断开 QF，接好电动机接线，上好接触器的灭弧罩。合上 QF，做下述几项试验。

（1）检查电动机转向。按下 SB1，电动机启动拖带设备上的运动部件开始移动，如移动方向为正方向则符合要求；如果运动部件向反方向移动，则应立即断电停车。否则限位控制线路不起作用，运动部件越过规定位置后继续移动，可能造成机械故障。将 QF 上端子处的任意两相电源线交换后，再接通电源试车。电动机的转向符合要求后，操作 SB2 使电动机拖动部件反向运动，检查 KM2 的改换相序作用。

（2）检查行程开关的限位控制作用。做好停车的准备，启动电动机拖带设备正向运动，当部件移动到规定位置附近时，要注意观察挡块与行程开关 SQ1 滚轮的相对位置。SQ1 被挡块操作后，电动机应立即停车。按动反向启动按钮（SB2）时，电动机应能反向拖动部件返回。如出现挡块过高、过低或行程开关动作后不能控制电动机等异常情况，应立即断电停车进行检查。

（3）反复操作几次，观察线路的动作和限位控制动作的可靠性。在部件的运动中可以随时操作按钮改变电动机的转向，以检查按钮的控制作用。

二、位置控制电路的故障现象、分析及检修

位置控制电路的常见故障与前面任务中双重连锁正反转控制线路的常见故障相似，其电气故障分析和检测方法在此不再赘述，读者可自行分析。在此仅就限位控制部分故障进一步说明，详见表 3-1-2。

表 3-1-2 线路故障现象、原因及处理方法

故 障 现 象	可 能 的 原 因	处 理 方 法
挡铁碰撞行程开关 SQ1（或 SQ2）后，电动机不能停止	可能故障点是 SQ1（或 SQ2）不动作，其不动作的可能原因是： 1.行程开关的紧固螺钉松动，使传动机构松动或发生偏移； 2.行程开关被撞坏，机构失灵，或有杂质进入开关内部，使机械被卡住等	1.外观检查行程开关固定螺钉的松动，按压并放开行程开关，查看行程开关机构动作是否灵活； 2.断开电源，用万用表的电阻挡，将两支表笔连接在 SQ1（或 SQ2）常闭触头的两端，按压并放开行程开关，检查通断情况
挡铁碰撞到 SQ1（或 SQ2），电动机停止，再按下 SB2（或 SB1），电动机启动；挡铁碰撞到 SQ2（或 SQ1），电动机停止，再按下 SB1（或 SB2），电动机不启动运行	可能故障点是行程开关 SQ1（或 SQ2）不复位，其不复位的可能原因是： 1.行程开关不复位多为运动部件或挡铁撞块超行程太多，机械失灵、开关被撞坏、杂质进入开关内部，使机械部分被卡住，或开关复位弹簧失效，弹力不足使触头不能复位闭合； 2.触头表面不清洁、有污垢	1.检查外观，是否因为运动部件或撞块超程太多，造成行程开关机械损坏； 2.断开电源，打开行程开关检查触头表面是否清洁； 3.断开电源，用万用表的电阻挡，将两支表笔连接在 SQ1（或 SQ2）常闭触头的两端，按压并放开行程开关，检查通断情况

检查评议

对任务实施的完成情况进行检查，并将结果填入表 3-1-3。

表 3-1-3　任务测评表

序号	主要内容	考核要求	评分标准	配分	扣分	得分
1	线路安装检修	根据任务，按照电动机基本控制线路的安装步骤和工艺要求，进行线路的安装与检修	1.按图接线，不按图接线扣 10 分； 2.元器件安装正确、整齐、牢固，否则一个扣 2 分； 3.配线整齐美观，横平竖直、高低平齐，转角 90°，否则每处扣 2 分； 4.线头长短合适，线耳方向正确，无松动，否则一处扣 1 分； 5.配线齐全，否则一根扣 5 分； 6.编码套管安装正确，否则每处扣 1 分； 7.通电试车功能齐全，否则扣 40 分	60		
2	线路故障检修	人为设置隐蔽故障 3 个，根据故障现象，正确分析故障原因及故障范围，采用正确的故障检修方法，排除线路故障	1.不能根据故障现象画出故障最小范围扣 10 分； 2.故障检修错误扣 5～10 分； 3.故障排除后，未能在线路图中用"×"标出故障点，扣 10 分； 4.故障排除完全。只能排除 1 个故障扣 20 分，3 个故障都不能排除扣 30 分；	30		
3	安全文明生产	劳动保护用品穿戴整齐；电工工具佩带齐全；遵守操作规程；尊重老师，讲文明礼貌；考试结束要清理现场	1. 操作中，违反安全文明生产考核要求的任何一项扣 2 分，扣完为止； 2. 当发现学生有重大事故隐患时，要立即予以制止，并每次扣安全文明生产总分 5 分	10		
合 计						
开始时间：			结束时间：			

在学生进行位置控制电路的安装、检修与维修实训过程中，时常会遇到如下问题。

问题：在进行位置控制线路的接线时，误将行程开关 SQ1 和 SQ2 的常闭触点接成常开触头，如图 3-1-6 所示。

图 3-1-6　错误的接法

后果及原因：在进行位置控制线路的接线时，误将行程开关 SQ1 和 SQ2 的常闭触点接成常开触头，不但起不到限位控制作用，还会造成线路无法正常启动，这是因为其常开触点将切断正反转控制的回路，导致接触器线圈无法得电。

预防措施：限位控制的行程开关的触头不能用常开触头，而必须用常闭触头，应把图中的两对常开触头换成常闭触头。

任务 2 自动往返循环控制电路的安装与检修

知识目标：

1. 正确理解自动往返循环控制电路的工作原理。
2. 能正确识读自动往返循环控制电路的原理图、接线图和布置图。

能力目标：

1. 会按照工艺要求正确安装自动往返循环控制电路。
2. 能根据故障现象，检修自动往返循环控制电路。

素质目标：

养成独立思考和动手操作的习惯，培养小组协调能力和互相学习的精神。

 工作任务

在生产实际中有一些机械设备，如 B2012A 刨床工作台要求在一定行程内自动往返循环运动，X62W 铣床工作台在纵向进给中自动循环工作，以便实现对工件的连续加工，提高生产效率。这就需要电气控制线路能对电动机实现自动换接正反转控制。而这种利用机械运动触碰行程开关实现电动机自动换接正反转控制的电路，就是电动机自动循环控制电路，如图 3-2-1 所示。本次任务的主要内容是：完成对自动往返循环控制电路的安装与检修。

图 3-2-1 自动往返循环控制电路

相关知识

一、线路分析

从如图 3-2-1 所示的电路图中可看出,为了使电动机的正反转控制与工作台的左右运动相配合,在控制线路中设置了 4 个行程开关 SQ1、SQ2、SQ3 和 SQ4,并把它们安装在工作台所需限位的位置。其中,SQ1、SQ2 被用来自动切换电动机正、反转控制电路,实现工作台的自动往返循环控制;SQ3 和 SQ4 被用来作终端保护,以防止 SQ1、SQ2 失灵,工作台越过限定位置而造成事故。在工作台边的 T 形槽中装有 2 块挡铁,挡铁 1 只能和 SQ1、SQ3 相碰撞,挡铁 2 只能和 SQ2、SQ4 相碰撞。当工作台运动到所限位置时,挡铁碰撞行程开关,使其触头动作,自动切换电动机正反转控制电路,通过机械传动机构使工作台自动往返循环运动。工作台的行程可通过移动挡铁位置来调节,拉开 2 块挡铁间的距离,行程就短,反之则长。

二、工作原理

图 3-2-1 所示的自动往返循环控制线路的工作原理如下。
先合上电源开关 QF。

1. 自动往返循环控制

——→ KM1线圈得电 ——→ KM1自锁触头闭合自锁 ——→
——→ KM1主触头闭合 ——→ 电动机M又正转 ——→
——→ KM1连锁触头分断对KM2连锁

——→ 工作台又左移（SQ2触头复位）——→ 以后重复上述过程，工作台就在限定的行程内自动往返运动

2. 停止控制

按下SB3 ——→ 整个控制电路失电 ——→ KM1（或KM2）主触头分断 ——→ 电动机M失电停转

这里，SB1、SB2 分别作为正转启动按钮和反转启动按钮，若启动时工作台在左端，则应按下 SB2 进行启动。

 任务准备

实施本任务教学所使用的实训设备及工具材料可参考表 3-2-1。

表 3-2-1 实训设备及工具材料

序号	名称	型号规格	单位	数量	备注
1	电工常用工具		套	1	
2	万用表	MF47 型	块	1	
3	三相四线电源	AC3×380/220V、20A	处	1	
4	三相电动机	Y112M-4，4 kW、380V、△接法；或自定	台	1	
5	配线板	500mm×600mm×20mm	块	1	
6	低压断路器	DZ5-20/330	只	1	
7	接触器	CJ10-20，线圈电压 380V，20 A	个	2	
8	熔断器 FU1	RL1-60/25，380V，60A，熔体配 25A	套	3	
9	熔断器 FU2	RL1-15/2，380V，15A，熔体配 2A	套	2	
10	热继电器	JR16-20/3，三极，20A	只	1	
11	按钮	LA10-3H	只	1	
12	位置开关	JLXK1-111，单轮旋转式	只	4	
13	木螺钉	$\phi3×20$mm；$\phi3×15$mm	个	30	
14	平垫圈	$\phi4$mm	个	30	
15	圆珠笔	自定	支	1	
16	主电路导线	BVR-1.5，1.5mm^2（7×0.52mm）（黑色）	m	若干	
17	控制电路导线	BVR-1.0，1.0mm^2（7×0.43mm）	m	若干	
18	按钮线	BVR-0.75，0.75mm^2	m	若干	
19	接地线	BVR-1.5，1.5mm^2（黄绿双色）	m	若干	
20	行线槽	18mm×25mm	m	若干	
21	编码套管	自定	m	若干	

任务实施

一、自动往返循环控制电路的安装与检修

1. 绘制元器件布置图和接线图

自动往返循环控制线路的元器件布置图和实物接线图与位置控制线路相似，读者可自行绘制，在此不再赘述。

2. 元器件规格、质量检查

（1）根据表 3-2-1 所示的元器件明细表，检查其各元器件、耗材与表中的型号与规格是否一致。

（2）检查各元器件的外观是否完整无损，附件、备件是否齐全。

（3）用仪表检查各元器件和电动机的有关技术数据是否符合要求。

3. 根据元器件布置图安装固定低压电器元件

当元器件检查完毕后，按照所绘制的元器件布置图安装和固定电器元件。安装和固定电器元件的步骤和方法与前面任务基本相同。在此值得注意的是：行程开关 SQ1 和 SQ2 的作用是行程控制，而行程开关 SQ3 和 SQ4 的作用是限位控制，这两组开关不可装反，否则会引起错误动作。

4. 根据电气原理图进行行线槽配线

当元器件安装完毕后，按照如图 3-2-1 所示的原理图进行板前行线槽配线。

5. 电动机的连接

按照电动机铭牌上的接线方法，正确连接接线端子，然后将定子绕组的电源引入线接到接线端子的 U、V、W 端子上，最后连接电动机的保护接地线。

6. 自检

当线路安装完毕后，必须经过自检，并经指导教师确认无误后方可通电试车。自检的方法及步骤与前面任务相似，在此仅就自动往返循环控制和限位控制的检测进行介绍。

（1）检查正向行程控制。按下正向启动按钮 SB1 不要放开，应测得 KM1 线圈电阻值，再轻轻按下行程开关 SQ1 的滚轮，使其常闭触点分断（此时常开触点未接通），万用表应显示电路由通而断；然后松开按钮 SB1，再将行程开关 SQ1 的滚轮按到底，则应测得 KM2 线圈的电阻值。

（2）检查反向行程控制。按下反向启动按钮 SB2 不放，应测得 KM2 线圈的电阻值；然后轻轻按下 SB2 的滚轮，使其常闭触点分断（此时常开触点未接通），万用表应显示电路由通而断；然后松开按钮 SB2，再将行程开关 SQ2 的滚轮按到底，则应测得 KM1 线圈的电阻值。

（3）检查正反向限位控制。在按下正向启动按钮 SB1 测得 KM1 线圈的直流电阻值后，再按下限位开关 SQ3 的滚轮，应测出电路由通而断。同理，在按下反向启动按钮 SB2 测得 KM2 线圈的直流电阻值后，再按下限位开关 SQ4 的滚轮，也应测出电路由通而断。

（4）检查行程开关的连锁作用。同时按下行程开关 SQ1 和 SQ2 的滚轮，测量的电阻值应为"∞"，此时正反转控制电路均处于断路状态。

7．通电试车

学生通过自检和教师确认无误后，在教师的监护下进行通电试车。其操作方法和步骤如下。

1）空操作试验

（1）行程控制试验。按下正向启动按钮 SB1 使 KM1 得电动作后，用绝缘棒轻按 SQ1 滚轮，使其常闭触点分断，KM1 应释放，将 SQ1 滚轮继续按到底，则 KM2 得电动作；再用绝缘棒缓慢按下 SQ2 滚轮，则应先后看到 KM2 释放、KM1 得电动作。值得一提的是，行程开关 SQ1 及 SQ2 对线路的控制作用与正反转控制线路中的 SB1 及 SB2 类似，所不同的是它依靠工作台上的挡铁进行控制。反复试验几次以后检查行程控制动作的可靠性。

（2）限位保护试验。按下正向启动按钮 SB1 使 KM1 得电动作后，用绝缘棒按下限位开关 SQ3 滚轮，KM1 应失电释放；再按下反向启动按钮 SB2 使 KM2 得电动作，然后按下限位开关 SB4 滚轮，KM2 应失电释放。反复试验几次，检查限位保护动作的可靠性。

2）带负荷试车

断开 QF，接好电动机接线，装好接触器的灭弧罩，做好立即停车的准备，合上 QF 进行以下几项试验。

（1）检查电动机转动方向。操作正向启动按钮 SB1 启动电动机，若所拖动的部件向 SQ1 的方向移动，则电动机转向符合要求。如果电动机转向不符合要求，应断电后将 QF 下端的电源相线任意两根交换位置后接好，重新试车检查电动机转向。

（2）正反向运行控制试验。交替操作 SB1、SB3 和 SB2、SB3，检查电动机转向是否受控。

（3）行程控制试验。做好立即停车的准备。启动电动机，观察设备上的运动部件在正反两个方向的规定位置之间往返的情况，试验行程开关及线路动作的可靠性。如果部件到达行程开关，挡块已将开关滚轮压下而电动机不能停车，应立即断电停车进行检查。重点检查这个方向上的行程开关的接线、触点及有关接触器的触点动作，排除故障后重新试车。

（4）限位控制试验。启动电动机，在设备运行中用绝缘棒按压该方向上的限位保护行程开关，电动机应断电停车；否则应检查限位行程开关的接线及其触点动作情况，排除故障后重新试车。

二、自动往返循环控制电路的故障现象、分析及检修

1．主电路的故障检修

自动往返循环控制线路主电路的故障现象和故障检修与前面任务中接触器连锁正反转控制线路主电路的故障现象和故障检修相同，在此不再赘述，读者可自行分析。

2．控制电路的故障检修

【故障现象 1】当按下正、反向启动按钮 SB1 或 SB2 后，接触器 KM1 或 KM2 均未动作，电动机不转，工作台不运动。

【**故障分析**】采用逻辑分析法对故障现象进行分析可知，其故障最小范围可用虚线表示，如图 3-2-2 所示。

【**故障检修**】根据如图 3-2-2 所示的故障最小范围，可以采用电压测量法或者采用验电笔测量法进行检测。检测时可参照前面任务所介绍的方法进行操作，在此不再赘述。

图 3-2-2　故障最小范围

【**故障现象 2**】当按下正向启动按钮 SB1 后，接触器 KM1 不动作，电动机不转，工作台不运动。但按下反向启动按钮 SB2 后，接触器 KM2 动作，电动机启动运行，工作台反向运动；当碰撞行程开关 SQ2 后，电动机停止，工作台停下，未进入正向运动状态。

【**故障分析**】采用逻辑分析法对故障现象进行分析可知，其故障最小范围可用虚线表示，如图 3-2-3 所示。

【**故障检修**】根据如图 3-2-3 所示的故障最小范围，可以采用电压测量法或者采用验电笔测量法进行检测。检测时可参照前面任务所介绍的方法进行操作，在此不再赘述。

图 3-2-3　故障最小范围

想一想 练一练

当按下反向启动按钮 SB2 后,接触器 KM2 不动作,电动机不转,工作台不运动。但按下正向启动按钮 SB1 后,接触器 KM1 动作,电动机启动运行,工作台正向运动;当碰撞行程开关 SQ1 后,电动机停止,工作台停下,未进入反向运动状态。试画出故障最小范围,并说出故障检修方法。

检查评议

对任务实施的完成情况进行检查,并将结果填入表 3-2-2。

表 3-2-2 任务测评表

序号	主要内容	考核要求	评分标准	配分	扣分	得分
1	线路安装检修	根据任务,按照电动机基本控制线路的安装步骤和工艺要求,进行线路的安装与检修	1.按图接线,不按图接线扣10分; 2.元器件安装正确、整齐、牢固,否则一个扣2分; 3.配线整齐美观,横平竖直、高低平齐,转角90°,否则每处扣2分; 4.线头长短合适,线耳方向正确,无松动,否则一处扣1分; 5.配线齐全,否则一根扣5分; 6.编码套管安装正确,否则每处扣1分; 7.通电试车功能齐全,否则扣40分	60		
2	线路故障检修	人为设置隐蔽故障3个,根据故障现象,正确分析故障原因及故障范围,采用正确的故障检修方法,排除线路故障	1.不能根据故障现象画出最小故障范围扣10分; 2.故障检修错误扣5～10分; 3.故障排除后,未能在线路图中用"×"标出故障点,扣10分; 4.故障排除完全。只能排除1个故障扣20分,3个故障都未能排除扣30分	30		
3	安全文明生产	劳动保护用品穿戴整齐;电工工具佩带齐全;遵守操作规程;尊重老师,讲文明礼貌;考试结束要清理现场	1. 操作中,违反安全文明生产考核要求的任何一项扣2分,扣完为止; 2. 当发现学生有重大事故隐患时,要立即予以制止,并每次扣安全文明生产总分5分	10		
合 计						
开始时间:			结束时间:			

问题及防治

在学生进行自动往返循环控制电路的安装、检修与维修实训过程中,时常会遇到如下问题。

　　问题：在进行自动往返循环控制线路的接线时，误将行程开关 SQ1-1 和 SQ1-2（SQ2-1 和 SQ2-2）的常闭触点和常开触头接反，如图 3-2-4 所示。

　　后果及原因：在进行自动往返循环控制线路的接线时，误将行程开关 SQ1-1 和 SQ1-2（SQ2-1 和 SQ2-2）的常闭触点和常开触头接反，不但起不到自动循环控制作用，还会造成线路无法正常启动，这是因为 SQ1-2 和 SQ2-2 常开触点将切断了正反转控制的回路，导致接触器线圈无法得电。

　　预防措施：自动往返循环控制线路中的行程开关的常开触点与启动按钮并联，而常闭触头与接触器线圈串联，应把图中的两对常开触头换成常闭触头。

图 3-2-4　错误接法

知识拓展

接近开关简介

　　接近开关又称无触点位置开关，是一种与运动部件无机械接触而能够操作的位置开关，如图 3-2-5 所示。当运动的物体靠近开关到达一定位置时，开关发出信号，达到行程控制、计数及自动控制的作用。它的用途除了行程控制和限位控制保护外，还可作为检测金属体的存在、高速计数、测速、定位、变换运动方向、检测零件尺寸、液面控制及用作无触点按钮等。与行程开关相比，接近开关具有定位精度高、工作可靠、寿命长、操作频率高以及能适应恶劣工作环境等优点。但接近开关在使用时，一般需要有触点继电器作为输出器。

　　按工作原理来分，接近开关有高频振荡型、感应电桥型、霍尔效应型、光电型、永磁及磁敏元件型、电容型和超声波型等多种类型，其中以高频振荡型最为常用，其原理框图如图 3-2-6 所示。

　　当有金属物体靠近一个一定频率稳定振荡的高频振荡器的感应头附近时，由于感应作用，所以该物体内部会产生涡流及磁滞损耗，使振荡电路因电阻增大、能耗增加而振荡减弱，直至停止振荡。检测电路根据振荡器的工作状态控制输出电路工作，输出信号去控制继电器或其他电器，以达到控制的目的。

图 3-2-5　接近开关

图 3-2-6　接近开关原理框图

以下是 LJ 系列集成电路接近开关的型号和含义。

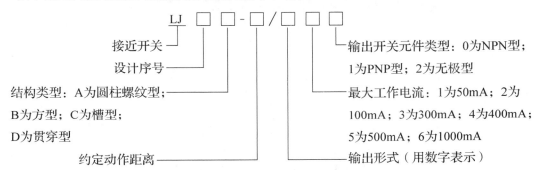

接近开关

设计序号

结构类型：A为圆柱螺纹型；
B为方型；C为槽型；
D为贯穿型

约定动作距离

输出开关元件类型：0为NPN型；
1为PNP型；2为无极型

最大工作电流：1为50mA；2为
100mA；3为300mA；4为400mA；
5为500mA；6为1000mA

输出形式（用数字表示）

LJ 系列接近开关分交流和直流两种类型。交流型为两线制，有常开式和常闭式两种。直流型分为两线制、三线制和四线制。除四线制为双触头输出（含有一个常开和一个常闭输出触头）外，其余均为单触头输出（含有一个常开或一个常闭触头）。

任务3　顺序控制电路的安装与检修

知识目标：

1. 掌握中间继电器的结构、用途及工作原理和选用原则。

2. 正确理解顺序控制电路的工作原理。

3. 能正确识读顺序控制电路的原理图、接线图和布置图。

能力目标：

1. 会按照工艺要求正确安装顺序控制电路。

2. 能根据故障现象，检修顺序控制电路。

素质目标：

养成独立思考和动手操作的习惯，培养小组协调能力和互相学习的精神。

　工作任务

在装有多台电动机的生产机械上，各电动机所起的作用是不同的，有时需要按一定的顺序启动和停止，才能保证操作过程的合理和工作的安全可靠。要求几台电动机的启动或停止必须按一定的先后顺序来完成的控制方式，称为电动机的顺序控制。如图 3-3-1 所示是一组由三条运送皮带组成的皮带运输机装置。其示意图如图 3-3-2 所示。

图 3-3-1　皮带运输机装置

图 3-3-2　三条传送带运输机示意图

三条传送带运输机的启动顺序为带 1→带 2→带 3，即顺序启动，以防止货物在传送带上堆积；停止时顺序为带 3→带 2→带 1，即逆顺序停止，以保证停车后传送带上不残留货物。当带 1 或带 2 出现故障停止时，带 3 能随即停止，以免继续进料，其控制电路如图 3-3-3 所示。

图 3-3-3　三条传送带顺启逆停顺序控制电路

本次任务的主要内容是：学习中间继电器的选择与检测方法，完成对顺序控制电路的安装与检修。

相关知识

一、中间继电器

中间继电器是用来增加控制电路中的信号数量或将信号放大的继电器。其输入信号是线圈的通电和断电,输出信号是触头的动作。由于触头的数量较多,所以当其他电器的触头数或触点容量不够时,可借助中间继电器作中间转换用,来控制多个元件或回路。

1. 中间继电器的结构与图形文字符号

中间继电器的结构及工作原理与接触器基本相同,因而中间继电器又称接触器式继电器。但中间继电器的触头对数多,且没有主、辅触头之分,各对触头允许通过的电流大小相同,多数为 5A。因此,对于工作电流小于 5A 的电气控制线路,可用中间继电器代替接触器来控制。

常见的中间继电器有 JZ7、JZ14、JZ15 等系列,如图 3-3-4 所示。其中,JZ7 系列为交流中间继电器,其结构和图形、文字符号如图 3-3-5 所示。

(a)JZ7 系列

(b)JZ14 系列

(c)ZJ6E 系列

图 3-3-4 中间继电器

(a)结构

(b)图形、文字符号

线圈 常开触头 常闭触头

1—静铁芯;2—短路环;3—衔铁;4—常开触头;

5—常闭触头;6—反作用弹簧;7—线圈;8—缓冲弹簧

图 3-3-5 JZ7 系列交流中间继电器

JZ14 系列中间继电器有交流操作和直流操作两种，采用螺管式电磁系统和双断点式桥式触头，其基本结构为交直流通用，只是交流铁芯为平顶形，直流铁芯与衔铁为圆锥形接触面，触头采用直列式分布，对数达 8 对，可按 6 常开、2 常闭；4 常开、4 常闭或 2 常开、6 常闭组合。该系列继电器带有透明外罩，可防止尘埃进入内部而影响工作的可靠性。

2. 型号意义

结构特征代号
S-带有保持线圈；P-带有电磁复位线圈
J-交流；Z-直流
常闭接点数量
常开接点数量
设计序号
中间
继电器

3. 选用原则

中间继电器主要依据被控制电路的电压等级、所需触头的数量、种类、容量等要求来选择。常用中间继电器的技术参数见表 3-3-1。中间继电器的安装、使用、常见故障及处理方法与接触器类似，可参考前面任务中的有关内容。

表 3-3-1　中间继电器的技术参数

型号	电压种类	触头电压/V	触头额定电流/A	触头组合		通电持续率（%）	吸引线圈电压/V	吸引线圈消耗功率	额定操作频率/（次/h）
				常开	常闭				
JZ7-44	交流	380	5	4	4	40	12、24、36、48、110、127、380、420、440、500	12V·A	1200
JZ7-62				6	2				
JZ7-80				8	0				
JZ14-□□J/□	交流	380	5	6 4 2	6 4 2	40	110、127、220、380	10V·A	2000
JZ14-□□Z/□	直流	220					24、48、110、220	7W	
JZ15-□□J/□	交流	380	10	6 4 2	6 4 2	40	36、127、220、380	11V·A	1200
JZ15-□□Z/□	直流	220					24、48、110、220	11W	

二、主电路实现的顺序控制

主电路实现顺序控制的电路如图 3-3-6 所示。电动机 M1 和 M2 分别通过接触器 KM1 和 KM2 来控制，接触器 KM2 的主触头接在接触器 KM1 主触头的下面，这样就保证了当

KM1 主触头闭合、电动机 M1 启动运转后，电动机 M2 才能接通电源运转。其线路的工作原理如下。

先合上电源开关 QS：

M1、M2 同时停转：

按下SB3 ——→ 控制电路失电 ——→ KM1、KM2主触头分断 ——→ 电动机M1、M2同时停转

图 3-3-6 主电路实现的顺序控制电路

若是三台电动机采用主电路实现顺序控制，其控制应如何实现？请设计出电气控制原理图。

三、通过控制电路实现的顺序控制

如图 3-3-7 所示是通过控制电路实现两台电动机的顺序控制电路图。

图 3-3-7　控制线路实现顺序控制的电路图

图 3-3-7(a)所示的工作原理分析如下。

【启动控制】先合上电源开关 QS：

【停止控制】

1. M2 单独停止控制

按下SB3 ——→ KM2线圈失电 ——→ KM2主触头分断 ——→ 电动机M2停转
——→ KM2自锁触头分断

2. M1、M2 同时停止控制

按下SB1 ——→ KM1线圈失电 ——→ KM1自锁触头分断
——→ KM1主触头分断 ——→ 电动机M1停转
——→ M2控制线路中KM1的常开触头分断

——→ KM2线圈失电 ——→ M2停转

线路特点：该电路实现了 M1 启动后，M2 才能启动的顺序控制；停止时，能实现 M2 能单独停止，也可实现 M1 和 M2 同时停止。

图 3-3-7(b)所示控制线路，是在图 3-3-7(a)所示线路中的 SB1 的两端并接了接触器 KM2 的辅助常开触头，从而实现了 M1 启动后，M2 才能启动，而 M2 停止后，M1 才能停止的控制要求，即 M1、M2 是顺序启动，逆序停止。其工作原理如下。

1）M1、M2 的顺序启动控制

按下SB2 ——→ KM1线圈得电 ——→ M2控制线路中KM1的常开触头闭合
——→ KM1主触头闭合
——→ KM1自锁触头闭合自锁

——→ 电动机M1启动连续运转

——→ 再按下SB4 ——→ KM2线圈得电 ——→ KM2主触头闭合 ——→ 电动机M2启动连续运转
——→ KM2自锁触头闭合自锁
——→ M1控制线路中KM2的常开触头闭合 ——→ SB1被短接

2）M1、M2 的停止控制

按下SB1时 ——→ 由于KM2的辅助触头将其短接，SB1不起作用 ——→ 电动机M1、M2 正常运转

按下SB3 ——→ KM2线圈失电 ——→ KM2自锁触头复位分断
——→ KM2主触头复位分断 ——→ 电动机M2停转
——→ 短接SB1的KM2触头分断 ——→ 再按下SB1 ——→

——→ 线圈KM1失电 ——→ KM1主触头分断 ——→ 电动机M1停转

想一想　练一练

请根据以上电路原理的分析方法，分析图 3-3-3 所示的 3 条传送带顺启逆停顺序控制电路，并写出其工作原理。

任务准备

实施本任务教学所使用的实训设备及工具材料可参考表 3-3-2。

表 3-3-2　实训设备及工具材料

序号	名　称	型　号　规　格	单位	数量	备注
1	电工常用工具		套	1	
2	万用表	MF47 型	块	1	
3	三相四线电源	AC3×380/220V、20A	处	1	
4	三相电动机	Y112M-4，4kW、380V、△接法；或自定	台	3	
5	配线板	500mm×600mm×20mm	块	1	
6	低压断路器	DZ5-20/330	只	1	
7	接触器	CJ10-20，线圈电压 380V，20 A	个	3	
8	熔断器 FU1	RL1-60/25，380V，60A，熔体配 25A	套	9	
9	熔断器 FU2	RL1-15/2，380V，15A，熔体配 2A	套	2	
10	热继电器	JR16-20/3，三极，20A	只	3	
11	按钮	LA10-2H	只	3	
12	中间继电器	JZ7-44	只	1	
13	木螺钉	$\phi3\times20mm$；$\phi3\times15mm$	个	30	
14	平垫圈	$\phi4mm$	个	30	
15	圆珠笔	自定	支	1	
16	主电路导线	BVR-1.5，1.5mm²（7×0.52mm）（黑色）	m	若干	
17	控制电路导线	BVR-1.0，1.0mm²（7×0.43mm）	m	若干	
18	按钮线	BVR-0.75，0.75mm²	m	若干	
19	接地线	BVR-1.5，1.5mm²（黄绿双色）	m	若干	
20	行线槽	18mm×25mm	m	若干	
21	编码套管	自定	m	若干	

任务实施

一、三条传送带运输机顺启逆停控制电路的安装与检修

1．绘制元件布置图和接线图

三条传送带运输机顺启逆停控制线路的元件布置图和实物接线图与位置控制线路相似，请读者自行绘制，在此不再赘述。

2．元器件规格、质量检查

（1）根据表 3-2-2 中的元件明细表，检查其各元器件、耗材与表中的型号与规格是否一致。

（2）检查各元器件的外观是否完整无损，附件、备件是否齐全。

（3）用仪表检查各元器件和电动机的有关技术数据是否符合要求。

3．根据元件布置图安装和固定低压电器元件

当元器件检查完毕后，按照所绘制的元件布置图安装和固定电器元件。

4．根据电气原理图和安装接线图进行行线槽配线

当元件安装完毕后，按照如图 3-3-3 所示的原理图和安装接线图进行板前行线槽配线。

5．电动机的连接

按照电动机铭牌上的接线方法，正确连接接线端子，然后将三台电动机定子绕组的电源引入线接到接线端子的 1U、1V、1W，2U、2V、2W 和 3U、3V、3W 端子上，最后连接电动机的保护接地线。

6．自检

当线路安装完毕后，在通电试车前必须经过自检，并经指导教师确认无误后方可通电试车。自检的方法及步骤具体如下。

（1）检查带 1 的 M1 启停控制。按下带 1 启动按钮 SB1 不要放开，应测得 KM1 线圈电阻值，再按下停止按钮 SB4，使其常闭触点分断，万用表应显示电路由通而断；然后按下启动按钮 SB1，再按下 KM2 的触头架，应测得 KM1 线圈电阻值，再按下停止按钮 SB4，由于 KM2 的辅助常开触头将 SB1 的常闭触头短接，则测得的阻值没有变化，仍是 KM1 线圈的电阻值。

（2）检查带 2 的 M2 启停控制。按下带 2 启动按钮 SB2 不放，应测得的电阻是"∞"，这是因为在带 2 的控制回路中串联了 KM1 的辅助常开触头，电路处于开路状态。再按下 KM1 的触头架，此时应测得的电阻值是 KM1、KA 和 KM2 线圈电阻的并联值；然后按下带 2 停止按钮 SB5 的滚轮，万用表应显示电路由通而断；松开按钮 SB5，将 KM3 的触头架按下，再松开按钮 SB5，由于 KM3 的辅助常开触头将 SB5 的常闭触头短接，则测得的阻值没有变化，仍是 KM1、KA 和 KM2 线圈并联的电阻值。

（3）检查带 3 的 M3 启停控制。其检测方法较为简单，在此不再赘述。

7．通电试车

学生通过自检和教师确认无误后，在教师的监护下进行通电试车。

二、三条传送带运输机顺启逆停控制电路的故障分析及维修

1．主电路的故障检修

三条传送带运输机顺启逆停控制线路主电路的故障现象和检修方法与前面任务中主电路的故障现象和检修方法相同，在此不再赘述，读者可自行分析。

2．控制电路的故障检修

【故障现象 1】当按下带 1 启动按钮 SB1 后，接触器 KM1 未动作，电动机不转，带 1 不运动。

【**故障分析**】采用逻辑分析法对故障现象进行分析可知,其故障最小范围可用虚线表示,如图 3-3-8 所示。

【**检修方法**】根据如图 3-3-8 所示的故障最小范围,可以采用电压测量法或者采用验电笔测量法进行检测。检测方法可参照前面任务所介绍的方法进行操作,在此不再赘述。

图 3-3-8　故障最小范围

【**故障现象 2**】当带 1 启动后按下带 2 启动动按钮 SB2 后,中间继电器 KA 和接触器 KM2 不动作,电动机不转,带 2 不运动。

【**故障分析**】采用逻辑分析法对故障现象进行分析可知,其故障最小范围可用虚线表示,如图 3-3-9 所示。

【**检修方法**】根据如图 3-3-9 所示的故障最小范围,可以采用电压测量法或者采用验电笔测量法进行检测。检测方法可参照前面任务所介绍的方法进行操作,在此不再赘述。

图 3-3-9　故障最小范围

想一想 练一练

当带 1 启动后按下带 2 启动按钮 SB2 后，中间继电器 KA 动作，但接触器 KM2 不动作，电动机不转，带 2 不运动。请画出故障最小范围，并说出检修方法。

【故障现象 3】当带 1 启动后按下带 2 启动按钮 SB2 后，中间继电器 KA 和接触器 KM2 动作，电动机运转，带 2 运动，但松开启动按钮 SB2 后，带 2 停止运动。

【故障分析】采用逻辑分析法对故障现象进行分析可知，其故障最小范围可用虚线表示，如图 3-3-10 所示。

【检修方法】根据如图 3-3-10 所示的故障最小范围，以中间继电器 KA 常开触头为分界点，可以采用电压测量法或者采用验电笔测量法进行检测。若测得 KA 触头两端的电压正常，则故障点一定是 KA 常开触点接触不良；若测得的电压不正常，则故障点在与 KA 连接的导线上，其检测方法可参照前面任务所介绍的方法进行操作，在此不再赘述。

图 3-3-10 故障最小范围

 想一想 练一练

1. 当带 1 启动后按下带 2 启动按钮 SB2 后，若中间继电器 KA 不动作，而接触器 KM2 动作，将会造成何种后果?请画出故障最小范围，并说出检修方法。

2. 当带 1、带 2 正常运行时，按下带 3 启动按钮 SB3，带 3 不能启动运行的故障原因是什么？请画出故障最小范围，并说出检修方法。

3. 当带 1、带 2 正常运行时，按下带 3 启动按钮 SB3，带 3 启动运行，但松开按钮 SB3 后，带 3 会自动停止的故障原因是什么？请画出故障最小范围，并说出检修方法。

检查评议

对任务实施的完成情况进行检查，并将结果填入表 3-3-3。

表 3-3-3　任务测评表

序号	主要内容	考核要求	评分标准	配分	扣分	得分
1	线路安装检修	根据任务,按照电动机基本控制线路的安装步骤和工艺要求,进行线路的安装与检修	1.按图接线,不按图接线扣10分; 2.元件安装正确、整齐、牢固,否则一个扣2分; 3.行线槽整齐美观,横平竖直、高低平齐,转角90°,否则每处扣2分; 4.线头长短合适,线耳方向正确,无松动,否则每处扣1分; 5.配线齐全,否则一根扣5分; 6.编码套管安装正确,否则每处扣1分; 7.通电试车功能齐全,否则扣40分	60		
3	线路故障检修	人为设置隐蔽故障3个,根据故障现象,正确分析故障原因及故障范围,采用正确的检修方法,排除线路故障	1.不能根据故障现象画出故障最小范围扣10分; 2.检修方法错误扣5~10分; 3.故障排除后,未能在线路图中用"×"标出故障点,扣10分; 4.故障排除完全。只能排除1个故障扣20分,3个故障都未能排除扣30分	30		
4	安全文明生产	劳动保护用品穿戴整齐;电工工具佩带齐全;遵守操作规程;尊重老师,讲文明礼貌;考试结束要清理现场	1.操作中,违反安全文明生产考核要求的任何一项扣2分,扣完为止; 2.当发现学生有重大事故隐患时,要立即予以制止,并每次扣安全文明生产总分5分	10		
合　计						
开始时间:			结束时间:			

问题及防治

　　在学生进行三条传送带运输机顺启逆停控制电路的安装、检修与维修实训过程中,时常会遇到如下问题。

　　问题:在进行三条传送带运输机顺启逆停控制线路的接线时,误将串联在带2控制回路的 KM1 常开触头接成常闭触头,如图 3-3-11 所示。

　　后果及原因:在进行三条传送带运输机顺启逆停控制线路的接线时,误将串联在带 2 控制回路的 KM1 常开触头接成常闭触头,不但起不到顺启逆停控制作用,还会造成在带 1 为启动的情况下,按下带 2 启动按钮 SB2 后,带 2 会直接启动。

　　预防措施:在三条传送带运输机顺启逆停控制线路中,KM2 的线圈应与 KM1 的辅助常开触头串联。

图 3-3-11　错误接法

知识拓展

几种 3 台电动机顺序控制电路如图 3-3-12 所示。

(a)

图 3-3-12　3 台电动机顺序控制电路

(b)

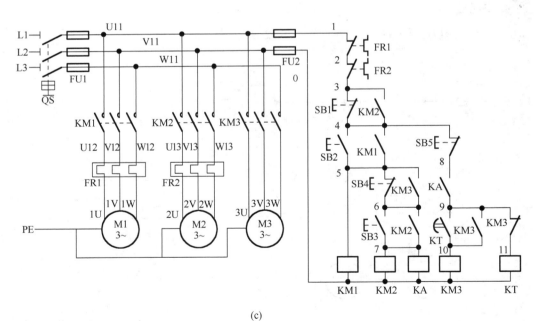

(c)

图 3-3-12　3 台电动机顺序控制电路（续）

(d)

(e)

图 3-3-12　3 台电动机顺序控制电路（续）

项目测试题

一、选择题（请将正确的答案序号填入括号内）

1. 生产机械的位置控制是利用生产机械运动部件上的挡块与（　　）的相互作用而实现的。

　　A．位置开关　　　　B．挡位开关　　　C．转换开关　　　D．连锁按钮

2. 下列型号属于主令电器的是（　　）。

A．CJ10-40/3 　　B．RL1-15/2 　　C．JLXK1-211 　　D．DZ10-100/330

3．工厂车间的行车需要位置控制，行车两头的终点处各安装一个位置开关，这两个位置开关要分别（　　）在正转和反转控制电路中。

A．串联 　　B．并联 　　C．混联 　　D．短接

4．行程开关是一种将（　　）转换为电信号的自动控制电器。

A．机械信号 　　B．弱电信号 　　C．光信号 　　D．热能信号

5．自动往返循环控制电路需要对电动机实现自动转换的（　　）控制才能达到要求。

A．自锁 　　B．点动 　　C．连锁 　　D．正反转

6．晶体管无触点开关的应用范围比普通位置开关更（　　）。

A．窄 　　B．广 　　C．接近 　　D．极小

7．完成工作台自动往返循环控制要求的主要电器元件是（　　）。

A．行程开关 　　B．接触器 　　C．按钮 　　D．组合开关

8．自动往返控制电路属于（　　）电路。

A．正反转控制 　　B．点动控制 　　C．自锁控制 　　D．顺序控制

9．检测各种金属，应选用（　　）型接近开关。

A．超声波 　　　　　　B．永磁型及磁敏元件

C．高频振荡 　　　　　D．光电

10．中间继电器的结构及工作原理与接触器基本相同，但其触头对数多，且没有主、辅触头之分，各对触头允许通过的电流大小相同，多数为（　　）A。

A．2 　　B．5 　　C．8 　　D．10

11．要求几台电动机的启动或停止必须按一定的先后顺序来完成的控制方式，称为电动机的（　　）。

A．顺序控制 　　B．异地控制 　　C．多地控制 　　D．自锁控制

12．顺序控制可通过（　　）来实现。

A．主电路 　　B．辅助电路 　　C．控制电路 　　D．主电路和控制电路

二、判断题（正确的打"√"，错误的打"×"）

1．限位开关主要用于电源的引入。　　　　　　　　　　　　　　　　　　（　　）

2．行程开关是一种将机械信号转换为电信号，以控制运动部件的位置和行程的自动电器。　　　　　　　　　　　　　　　　　　　　　　　　　　　　　　　　　（　　）

3．实现行车位置控制要求的主要电器元件是行程开关。　　　　　　　　　（　　）

4．接近开关是晶体管无触点开关。　　　　　　　　　　　　　　　　　　（　　）

5．接近开关的功能：除行程控制外，还可检测金属的存在、高速计数、测速、定位、变换运动方向、检测零件尺寸、液面控制及用作无触点按钮等。　　　　　　　（　　）

6．实现工作台自动往返循环控制要求的主要电器元件是行程开关。　　　　（　　）

7．工作台自动往返循环控制电路属于正反转控制电路。　　　　　　　　　（　　）

8．自动往返循环控制电路需要对电动机实现自动转换的正反转控制才能达到要求。

　　　　　　　　　　　　　　　　　　　　　　　　　　　　　　　　　（　　）

9．顺序控制必须按一定的先后顺序并通过控制电路来控制几台电动机的启停。（　　）

10．中间继电器是用来增加控制电路中的信号数量或将信号放大的继电器。　（　）

11．中间继电器的触头对数多，且没有主、辅触头之分，各对触头允许通过的电流大小相同，多数为 10A。　（　）

三、简答题

1．简述板前线槽配线的工艺要求。

2．什么是顺序控制？试说出几个顺序控制的实例。

项目 三相笼型异步电动机减压启动控制电路的安装与检修

任务 1 定子绕组串接电阻减压启动控制电路的安装与检修

知识目标：

1. 熟悉时间继电器的功能、基本结构、工作原理及型号含义。
2. 正确理解三相异步电动机定子绕组串接电阻减压启动的工作原理。
3. 能正确识读定子绕组串接电阻减压启动控制电路的原理图、接线图和布置图。

能力目标：

1. 可以进行时间继电器的选用与简单检修。
2. 可以按照工艺要求正确安装三相异步电动机定子绕组串接电阻减压启动控制电路。
3. 能根据故障现象，检修三相异步电动机定子绕组串接电阻减压启动控制电路。

素质目标：

养成独立思考和动手操作的习惯，培养小组协调能力和互相学习的精神。

 工作任务

定子绕组串接电阻减压启动是指在电动机启动时，把电阻串接在电动机定子绕组与电源之间，通过电阻的分压作用来降低定子绕组上的启动电压，待电动机启动后，再将电阻短接，使电动机在额定电压下正常运行。时间继电器自动控制定子绕组串接电阻减压启动控制电路如图 4-1-1 所示。本次任务的主要内容是：完成对时间继电器自动控制定子绕组串接电阻减压启动控制电路的安装与检修。

 相关知识

一、减压启动控制电路

通常规定：电源变压器容量在 180kV·A 以上、电动机容量在 7kW 以下的三相异步电动机可常用直接启动，否则，需要进行减压启动。

图 4-1-1　时间继电器自动控制定子绕组串接电阻减压启动控制电路

减压启动是指利用启动设备将电压适当降低后，加到电动机的定子绕组上进行启动，待电动机启动运转后，再使其电压恢复到额定电压正常运行。

值得注意的是：由于电流随电压的降低而减小，虽然减压启动达到了减小启动电流的目的。但是，由于电动机的转矩与电压的平方成正比，所以减压启动将导致电动机的启动转矩大为降低。因此，减压启动需要在空载或轻载下进行。

常见的减压启动的方法有定子绕组串电阻减压启动、自耦变压器减压启动、Y—△减压启动和延边三角形减压启动等。

二、时间继电器

在得到动作信号后，能按照一定的时间要求控制触头动作的继电器，称为时间继电器。

时间继电器的种类很多，常用的主要有电磁式、电动式、空气阻尼式、晶体管式、单片机控制式等类型。其中，电磁式时间继电器的结构简单，价格低廉，但体积和质量大，延时时间较短，且只能用于直流断电延时；电动式是利用同步微电机与特殊的电磁传动机械来产生延时的，延时精度高，延时可调范围大，但结构复杂，价格贵；空气阻尼式延时精度不高，体积大，已逐步被晶体管式取代；单片机控制式时间继电器，是为了适应工业自动化控制水平越来越高而生产的，如 DHC6 多制式时间继电器，采用单片机控制，可以按要求任意选择控制模式，使控制线路最简单可靠。目前在电力拖动控制线路中，应用较多的是晶体管式时间继电器，如图 4-1-2 所示是几款时间继电器的外形图。

1．JS20 系列晶体管式时间继电器

晶体管式时间继电器也称半导体时间继电器或电子式时间继电器，具有机械结构简单、延时范围宽、整定精度高、体积小、耐冲击和耐震动、消耗功率小、调整方便及寿命长等优点，所以发展迅速，已成为时间继电器的主流产品。

(a) 晶体管式

(b) 空气阻尼式

(c) 电动式

(d) 单片机控制式

图 4-1-2　时间继电器的外形

晶体管式时间继电器按结构分为阻容式和数字式两类；按延时方式分为通电延时型、断电延时型及带瞬动触头的通电延时型。

JS20 系列晶体管时间继电器是全国推广的统一设计产品，适用于交流 50Hz、电压 380V 及以下或直流电压 220V 及以下的控制电路中作延时元器件，按预定的时间接通或分断电路。

（1）结构。JS20 系列晶体管时间继电器的外形如图 4-1-2(a)所示，它具有保护外壳，其内部结构采用印制电路组件。安装和接线采用专用的插接座，并配有带插脚标记的下标牌作接线指示，上标盘上还带有发光二极管作为动作指示。结构形式有外接式、装置式和面板式三种。外接式的整定电位器可通过插座用导线接到所需的控制板上；装置式具有带接线端子的胶木底座；面板式采用通用八大脚插座，可直接安装在控制台的面板上，另外还带有延时刻度和延时旋钮供整定延时时间用。JS20 系列通电延时型时间继电器的接线图如图 4-1-3(a)所示。

(a) 接线示意图

(b) 电路图

图 4-1-3　SJ20 系列通电延时型时间继电器的接线示意图和电路图

（2）工作原理。JS20 系列通电延时型时间继电器的电路图如图 4-1-3(b)所示。它由电源、电容充放电电路、电压鉴别电路、输出电路和指示电路五部分组成。电源接通后，经整流滤波和稳压后的直流电，经过 RP1 和 R2 向电容 C2 充电。当场效应管 V6 的栅源电压 U_{gs} 低于夹断电压 U_p 时，V6 截止，因而 V7、V8 也处于截止状态。随着充电的不断进行，电容 C2 的电位按指数规律上升，当满足 U_{gs} 高于 U_p 时，V6 导通，V7、V8 也导通，继电器 KA 吸合，输出延时信号。同时电容 C2 通过 R8 和 KA 的常开触头放电，为下次动作做好准备。当切断电源时，继电器 KA 释放，电路恢复原始状态，等待下次动作。调节 RP1 和 RP2 即可调整延时时间。

（3）型号含义及技术数据。JS20 系列晶体管时间继电器的型号含义如下。

（4）时间继电器的图形及文字符号。时间继电器在电路图中的图形及文字符号如图 4-1-4 所示。

图 4-1-4 时间继电器的符号

（5）适用场合。它适合当电磁式时间继电器不能满足要求时，或者当要求的延时精度较高时，或者控制回路相互协调需要无触头输出时使用。

三、电阻器

电阻器是具有一定电阻值的电器元件，电流通过时，在它上面将产生电压降。利用电阻器这一特性，可控制电动机的启动、制动及调速。用于控制电动机启动、制动及调速的电阻器与电子产品中的电阻器在用途上有较大的区别，电子产品中用到的电阻器一般功率较小，发热量较低，一般不需要专门的散热设计；而用于控制电动机启动、制动及调速的电阻器的功率较大，一般为千瓦（kW）级，工作时发热量较大，需要有良好的散热性能，因此在外形结构上与电子产品中常用的电阻器有较大的差异。常用于控制电动机启动、制动及调速的电阻器有铸铁电阻器、板形（框架式）电阻器、铁铬合金电阻器和管形电阻器，常用的电阻器外形如图 4-1-5 所示。

(a) ZX1 铸铁电阻器　　(b) ZX12 铁铬合金电阻器　　(c) ZX2 康铜电阻器　　(d) ZX9 铁铬铝合金电阻器

图 4-1-5　常用的电阻器外形

电阻器的用途与分类见表 4-1-1。

表 4-1-1　电阻器的用途与分类

类　型	型　号	结构及特点	适　用　场　合	备　注
铸铁电阻器	ZX1	由浇铸或冲压成形的电阻片选装而成，取材方便，价格低廉，有良好的耐腐蚀性和较大的发热时间常数；但性脆易断，电阻值较小，温度系数较大，体积大而笨重	在交直流低压电路中，供电动机启动、调速、制动及放电等用	
板形电阻器	ZX2	在板形瓷质绝缘件上绕制的线状（ZX-2 型）或带状（ZX2-1 型）康铜电阻元器件，其特点是耐振动，具有较高的机械强度	同上，但较适用于要求耐振的场合	
铁铬铝合金电阻器	ZX9	由铁、铬、铝合金电阻带轧成波浪形式，电阻为敞开式，计算容量约为 4.6kW	适用于大、中容量电动机的启动、制动和调速	技术数据与 ZX1 基本相同，因而可取而代之
	ZX15	由铁、铬、铝合金带制成螺旋式管状电阻元器件（ZY 型）装配而成，容量约为 4.6kW		
管形电阻器	ZG11	在陶瓷管上绕单层镍铜或镍铬合金电阻丝，表面经高温处理涂涂珐琅质保护层，电阻丝两端用专焊法连接多股绞合软铜线或连接紫铜导片作为引出端头　　可调式产品在珐琅表面开有使电阻丝裸露的窄槽，并装有供移动的调节夹	适用于电压不超过 500V 的低压电气设备的电路中，供降低电压、电流用	

启动电阻一般采用 ZX1、ZX2 系列铸铁电阻。铸铁电阻能够通过较大电流，功率大。

四、时间继电器自动控制定子绕组串接电阻减压启动控制线路

1. 线路组成

时间继电器自动控制定子绕组串接电阻减压启动控制线路如图 4-1-1 所示。在这个电路中，用接触器 KM2 短接启动电阻 R，用时间继电器 KT 来控制电动机从减压启动到全压运行的时间，从而实现了自动控制。

2．工作原理

如图 4-1-1 所示的时间继电器自动控制定子绕组串接电阻减压启动控制线路工作原理如下。

【减压启动控制】：先合上电源开关 QF。

【停止控制】：停止时，按下 SB1 即可实现。

由以上分析可见，只要调整好时间继电器 KT 触头的动作时间，电动机由启动过程切换成运行过程就能准确可靠地自动完成。

串电阻减压启动的缺点是减小了电动机的启动转矩，同时启动时在电阻上功率消耗也较大。如果启动频繁，则电阻的温度很高，对于精密的机床会产生一定的影响，故目前这种减压启动的方法，在生产实际中的应用正在逐步减少。

任务准备

实施本任务教学所使用的实训设备及工具材料可参考表 4-1-2。

表 4-1-2　实训设备及工具材料

序 号	名 称	型 号 规 格	单 位	数 量	备 注
1	电工常用工具		套	1	
2	万用表	MF47 型	块	1	
3	三相四线电源	AC3×380/220V、20A	处	1	
4	三相电动机	Y112M-4，4kW、380V、△接法；或自定	台	1	
5	配线板	500mm×600mm×20mm	块	1	
6	低压断路器	DZ5-20/330	只	1	
7	接触器	CJ10-20，线圈电压 380V，20A	个	2	
8	熔断器 FU1	RL1-60/25，380V，60A，熔体配 25A	套	3	
9	熔断器 FU2	RL1-15/2，380V，15A，熔体配 2A	套	2	
10	热继电器	JR16-20/3，三极，20A	只	1	
11	按钮	LA10-2H	只	1	
12	时间继电器	JS20 或 JS7-2A	只	1	
13	电阻器	ZX2-2/0.7	只	3	
14	木螺钉	$\phi3\times20$mm；$\phi3\times15$mm	个	30	

续表

序号	名　称	型号规格	单位	数量	备注
15	平垫圈	φ4mm	个	30	
16	圆珠笔	自定	支	1	
17	主电路导线	BVR-1.5，1.5mm²（7×0.52mm）（黑色）	m	若干	
18	控制电路导线	BVR-1.0，1.0mm²（7×0.43mm）	m	若干	
19	按钮线	BVR-0.75，0.75mm²	m	若干	
20	接地线	BVR-1.5，1.5 mm²（黄绿双色）	m	若干	
21	行线槽	18mm×25mm	m	若干	
22	编码套管	自定	m	若干	

 任务实施

一、时间继电器自动控制定子绕组串接电阻减压启动控制线路的安装与检修

1．绘制元器件布置图和接线图

时间继电器自动控制定子绕组串接电阻减压启动控制线路的元器件布置图和实物接线图读者可自行绘制，在此不再赘述。

2．元器件规格、质量检查

（1）根据表 4-1-2 所示的元器件明细表，检查其各元器件、耗材与表中的型号与规格是否一致。

（2）检查各元器件的外观是否完整无损，附件、备件是否齐全。

（3）用仪表检查各元器件和电动机的有关技术数据是否符合要求。

3．根据元器件布置图安装和固定低压电器元件

当元器件检查完毕后，按照所绘制的元器件布置图安装和固定电器元件。在此仅介绍时间继电器和启动电阻的安装与使用要求。

1）时间继电器的安装与使用要求

（1）时间继电器应按说明书规定的方向安装。无论是通电延时型还是断电延时型，都必须使继电器在断电后，释放时衔铁的运动方向垂直向下，其倾斜度不得超过5°。

（2）时间继电器的整定值，应预先在不通电时整定好，并在试车时校正。

（3）时间继电器金属底板上的接地螺钉必须与接地线可靠连接。

（4）通电延时型和断电延时型可在整定时间内自行调换。

（5）使用时，应经常清除灰尘及油污，否则延时误差将增大。

2）启动电阻的安装与使用要求

启动电阻要安装在箱体内，并且要考虑其产生的热量对其他电器的影响。若将电阻器置于箱外时，必须采取遮护或隔离措施，以防止发生触电事故。

4．根据电气原理图和安装接线图进行行线槽配线

当元器件安装完毕后，按照如图 4-1-1 所示的原理图和安装接线图进行板前行线槽配线。

5．电动机的连接

按照电动机铭牌上的接线方法，正确连接接线端子，然后将电动机定子绕组的电源引入线接到接线端子的 U、V、W 端子上，最后连接电动机的保护接地线。

6．自检

当线路安装完毕后，必须经过自检，并经指导教师确认无误后方可通电试车。自检的方法及步骤具体如下。

首先将万用表的选择开关拨到电阻挡（R×1挡），并进行校零。断开电源开关 QF，并摘下接触器灭弧罩。

1）主电路的检测

将万用表的表笔跨接在 U11 和 U13 处，应测得电路处于电路断路状态，然后按下 KM1 的触头架，应测得 R 的电阻值，再按下 KM2 的触头架，由于 KM2 的主触头将电阻器 R 短接，则测得的阻值变小，万用表显示通路。依次分别在 V11、V13 和 W11、W13 之间重复进行测量，结果应相同。

2）控制电路的检测

（1）将万用表的表笔跨接在熔断器 FU2 的 0 和 1 之间的接线柱上，应测得的电阻是"∞"，电路处于开路状态。然后按下启动按钮 SB2 不放，应测得 KM1 电阻值；再按下停止按钮 SB1，此时万用表的读数应显示电路由通而断。

（2）按下 KM1 的触头架，此时应测得的电阻值是 KM1、KT 线圈电阻的并联值；然后松开 KM1 的触头架，万用表应显示电路由通而断；再按下 KM2 的触头架，此时应测得 KM2 线圈的电阻值。

7．通电试车

学生通过自检和教师确认无误后，在教师的监护下进行通电试车。

二、时间继电器自动控制定子绕组串接电阻减压启动控制线路的故障现象、分析及检修

1．主电路的故障检修

时间继电器自动控制定子绕组串接电阻减压启动控制线路主电路的故障现象和故障检修与前面任务中主电路的故障现象和故障检修相似，在此不再赘述，读者可自行分析。

2．控制电路的故障检修

【故障现象 1】当按下启动按钮 SB2 后，接触器 KM1 未动作，电动机未能串电阻减压启动。

【故障分析】采用逻辑分析法对故障现象进行分析可知，其故障最小范围可用虚线表示，如图 4-1-6 所示。

【故障检修】根据如图 4-1-6 所示的故障最小范围，可以采用电压测量法或者采用验电笔测量法进行检测。检测方法可参照前面任务所介绍的方法进行操作，在此不再赘述。

【故障现象 2】当按下启动按钮 SB2 后，接触器 KM1 动作，时间继电器 KT 未动作，电动机未能转入全压运行。

【故障分析】采用逻辑分析法对故障现象进行分析可知,其故障最小范围可用虚线表示,如图 4-1-7 所示。

图 4-1-6　故障最小范围

图 4-1-7　故障最小范围

【故障检修】根据如图 4-1-7 所示的故障最小范围，检测时，首先按下停止按钮 SB1，然后采用验电笔测量法对 KM1 的辅助常开触头的两端（4 号线和 6 号线）进行检测，若两端有电都正常，则故障一定是由 KM1 辅助常开触头接触不良引起的。若验电笔显示的亮度不正常，则故障点落在与 KM1 的辅助常开触头连接的时间继电器控制回路上，检测时可参照前面任务所介绍的方法进行操作，在此不再赘述。

想一想　练一练

当按下启动按钮 SB2 后，接触器 KM1 动作，时间继电器 KT 动作，延时 5s 后，接触器 KM1 未断开，电动机始终处于减压启动状态，未能转入全压运行。试画出故障最小范围，并说出故障检修。

检查评议

对任务实施的完成情况进行检查，并将结果填入表 4-1-3。

表 4-1-3　任务测评表

序　号	主要内容	考核要求	评分标准	配分	扣分	得分
1	线路安装检修	根据任务，按照电动机基本控制线路的安装步骤和工艺要求，进行线路的安装与检修	1. 按图接线，不按图接线扣 10 分 2. 元件安装正确、整齐、牢固，否则一个扣 2 分 3. 行线槽整齐美观，横平竖直、高低平齐，转角 90°，否则每处扣 2 分 4. 线头长短合适，线耳方向正确，无松动，否则每处扣 1 分 5. 配线齐全，否则一根扣 5 分 6. 编码套管安装正确，否则每处扣 1 分 7. 通电试车功能齐全，否则扣 40 分	60		
2	线路故障检修	人为设置隐蔽故障 3 个，根据故障现象，正确分析故障原因及故障范围，采用正确的检修方法，排除线路故障	1. 不能根据故障现象画出故障最小范围扣 10 分 2. 检修方法错误扣 5～10 分 3. 故障排除后，未能在线路图中用"×"标出故障点，扣 10 分 4. 故障排除完全。只能排除 1 个故障扣 20 分，3 个故障都未能排除扣 30 分	30		
3	安全文明生产	劳动保护用品穿戴整齐；电工工具佩带齐全；遵守操作规程；尊重老师，讲文明礼貌；考试结束要清理现场	1. 操作中，违反安全文明生产考核要求的任何一项扣 2 分，扣完为止 2. 当发现学生有重大事故隐患时，要立即予以制止，并每次扣安全文明生产总分 5 分	10		
合　计						
开始时间：			结束时间：			

操作提示

　　常用晶体管式时间继电器接线时，要注意时间继电器的底座是有方向的，不要接反了，其外形及底座如图 4-1-8 所示。

(a) 插接座　　　　　　　(b) 时间调节旋钮　　　　　　　(c) 插接柱

图 4-1-8　晶体管时间继电器

知识拓展

一、JS7-A 系列空气阻尼式时间继电器

空气阻尼式时间继电器又称气囊式时间继电器，其外形和结构如图 4-1-9 所示，主要由电磁系统、延时机构和触头系统三部分组成。根据触头延时的特点，可分为通电延时动作型和断电延时复位型两种。

(a) 外形　　　　　　　　　　　(b) 结构

图 4-1-9　JS7-A 系列空气阻尼式时间继电器

1．结构

JS7-A 系列空气阻尼式时间继电器是利用气囊中的空气通过小孔节流的原理来获得延时动作的，其结构原理示意图如图 4-1-10 所示。

(a) 通电延时型　　　　　　　　　　　(b) 断电延时型

1—线圈；2—铁芯；3—衔铁；4—反力弹簧；5—推板；6—活塞杆；7—杠杆；8—塔形弹簧；9—弱弹簧；
10—橡皮膜；11—空气室；12—活塞；13—调节螺钉；14—进气孔；15、16—微动开关

图 4-1-10　JS7-A 型时间继电器的结构原理

2．符号及型号

其符号及型号的含义与晶体管时间继电器基本相同。空气阻尼式时间继电器的特点是

延时范围大（0.4～180s），结构简单，价格低，使用寿命长，但整定精度往往较差，只适用于一般场合。

二、自耦变压器（补偿器）减压启动

自耦变压器（补偿器）减压启动是在启动时利用自耦变压器降低定子绕组上的启动电压，达到限制启动电流的目的，当完成启动后，再将自耦变压器切换掉，使电动机直接与电源连接全压运行。

一般常用的手动自耦减压启动器有 QJ3 系列油浸式和 QJ10 系列空气式两种。如图 4-1-11 所示是 QJD3 系列手动自耦减压启动器的外形图、结构图和电路图。

(a) 外形图

(b) 结构图

(c) 电路图

图 4-1-11　QJD3 系列手动自耦减压启动器

自耦变压器减压启动的优点是：启动转矩和启动电流可以调节。缺点是设备庞大，成本较高。因此，这种减压启动方法适用于额定电压为 220/380V、接法为△/丫形、容量较大的三相异步电动机的减压启动。

任务2　丫—△减压启动控制电路的安装与检修

知识目标：

1. 正确理解三相异步电动机丫—△减压启动控制电路的工作原理。
2. 能正确识读丫—△减压启动控制电路的原理图、接线图和布置图。

能力目标：

1. 会按照工艺要求正确安装三相异步电动机丫—△减压启动控制电路。
2. 能根据故障现象，检修三相异步电动机丫—△减压启动控制电路。

素质目标：

养成独立思考和动手操作的习惯，培养小组协调能力和互相学习的精神。

▲ 工作任务

在实际生产中，如 M7475B 型平面磨床上的砂轮电动机，由于电动机功率较大，又是△接法，为了限制电动机的启动电流，采用的是丫—△减压启动。如图 4-2-1 所示就是典型的时间继电器控制丫—△减压启动控制电路。本次任务的主要内容是：完成对时间继电器自动控制丫—△减压启动控制电路的安装与检修。

图 4-2-1　时间继电器自动控制丫—△减压启动控制电路

相关知识

一、手动丫—△减压启动控制线路

如图 4-2-2 所示是双投开启式负荷开关手动控制丫—△减压启动控制线路。线路的工作原理如下：启动时，首先合上电源开关 QS1，然后把开启式负荷开关 QS2 扳到"启动"位置，电动机定子绕组便接成Y形降压启动；当电动机转速上升并接近额定值时，再将 QS2 扳到"运行"位置，电动机定子绕组便接成△形全压运行。

电动机启动时，定子绕组接成Y形，加在每相定子绕组上的启动电压只有△形接法的 $\frac{1}{\sqrt{3}}$，启动电流为△形接法的 $\frac{1}{3}$，启动转矩也只有△形接法的 $\frac{1}{3}$。所以这种减压启动方法，只适用于轻载或空载下启动。凡是在正常运行时定子绕组作△形连接的异步电动机，均可采用这种减压启动方法。

图 4-2-2 手动控制Y—△减压启动控制线路

手动Y—△启动器专门作为手动Y—△减压启动用，有 QX1 和 QX2 系列，按控制电动机的容量分为 13kW 和 30kW 两种，启动器的正常操作频率为 30 次/h。

QX1 型手动Y—△启动器的外形、接线图和触头分合表如图 4-2-3 所示。

接点	手柄位置		
	启动Y	停止0	运行△
1	×		×
2	×		×
3			×
4			×
5	×		
6	×		
7			×
8	×		×

注：×—接通

(a) 外形结构图　　　　　(b) 接线图　　　　　(c) 触头分合表

图 4-2-3 QX1 型手动Y—△启动器

启动器有启动（Y）、停止（0）和运行（△）三个位置，当手柄扳到"0"位置时，八对触头都分断，电动机脱离电源停转；当手柄扳到"Y"位置时，1、2、5、6、8触头闭合接通，3、4、7触头分断，定子绕组的末端W2、U2、V2通过触头5和6接成Y形，首端U1、V1、W1则分别通过触头1、8、2接入三相电源L1、L2、L3，电动机进行Y形减压启动；当电动机转速上升并接近额定转速时，将手柄扳到"△"位置，这时1、2、3、4、7、8触头闭合，5、6触头分断，定子绕组按U1→触头1→触头3→W2、V1→触头8→触头7→U2、W1→触头2→触头4→V2接成△形全压正常运转。

二、按钮、接触器控制Y—△减压启动线路

如图4-2-4所示是通过按钮、接触器控制Y—△减压启动线路。该线路使用了三个接触器、一个热继电器和三个按钮。接触器KM1起引入电源作用，接触器KM2和KM3分别作Y形启动用和△形运行用，SB2是启动按钮，SB3是Y—△换接按钮，SB1是停止按钮，FU1作为主电路的短路保护，FU2作为控制电路的短路保护，FR作为过载保护。

电路工作原理如下：合上电源开关QS，按下启动按钮SB2，接触器KM1和KM2线圈同时得电，KM2主触头闭合，把电动机绕组接成Y形，KM1主触头闭合接通电动机电源，使电动机M接成Y形减压启动。当电动机转速上升到一定值时，按下换接按钮SB3，SB3常闭触头先分断，切断KM2线圈回路，SB3常开触头后闭合，使KM3线圈得电，电动机M换接成△运行，整个启动过程完成。当需要电动机停转时，按下停止按钮SB1即可。

图4-2-4 按钮、接触器控制Y—△减压启动线路

三、时间继电器自动控制Y—△减压启动线路

时间继电器自动控制Y—△减压启动线路见图4-2-1所示。

1. 线路原理

首先合上电源开关 QS。然后按下启动按钮 SB2，KM3 线圈得电，KM3 动合触头闭合，KM1 线圈得电，KM1 自锁触头闭合自锁、KM1 主触头闭合；同时，KM3 线圈得电后，KM3 主触头闭合；电动机 M 接成丫形减压启动；KM3 连锁触头分断对 KM2 连锁；在 KM3 线圈得电的同时，时间继电器 KT 线圈得电，延时开始，当电动机 M 的转速上升到一定值时，KT 延时结束，KT 动断触头分断，KM3 线圈失电，KM3 动合触头分断；KM3 主触头分断，解除丫形连接；KM3 连锁触头闭合，KM2 线圈得电，KM2 连锁触头分断对 KM3 连锁；同时 KT 线圈失电，KT 动断触头瞬时闭合，KM2 主触头闭合，电动机 M 接成△形全压运行。

停止时，按下 SB2 即可。

2. 线路特点

该线路中，接触器 KM3 得电以后，通过 KM3 的辅助常开触头使接触器 KM1 得电动作，这样 KM3 的主触头是在无负载的条件下进行闭合的，故可延长接触器 KM3 主触头的使用寿命。

时间继电器自动控制丫—△减压启动线路有两个系列定型产品，分别是 QX3、QX4 系列，称之为丫—△自动启动器，它们的主要技术数据见表 4-2-1。

表 4-2-1 丫—△自动启动器的主要技术数据

启动器型号	控制功率（kW）			配用热元件的额定电流（A）	延时调整范围（s）
	220V	380V	500V		
QX3-13	7	13	13	11、16、22	4～16
QX3-30	17	30	30	32、45	4～16
QX4-17		17	13	15、19	11、13
QX4-30		30	22	25、34	15、17
QX4-55		55	44	45、61	20、24
QX4-75		75		85	30
QX4-125		125		100～160	14～60

QX3 型丫—△自动启动器外形、结构和电路如图 4-2-5 所示。这种启动器主要由三个接触器 KM1、KM2、KM3、一个热继电器 FR、一个通电延时型时间继电器 KT 和两个按钮组成。工作原理读者自己分析。

(a) 外形

(b) 结构

图 4-2-5 QX3 型丫—△启动器电气原理图

(c) 电路

图 4-2-5　QX3 型Υ—△启动器电气原理图（续）

任务准备

实施本任务教学所使用的实训设备及工具材料可参考表 4-2-2。

表 4-2-2　实训设备及工具材料

序　号	名　称	型 号 规 格	单 位	数　量	备　注
1	电工常用工具		套	1	
2	万用表	MF47 型	块	1	
3	三相四线电源	AC3×380/220 V、20 A	处	1	
4	三相电动机	Y112M-4，4 kW、380 V、△接法；或自定	台	1	
5	配线板	500 mm×600 mm×20 mm	块	1	
6	低压断路器	DZ5-20/330	只	1	
7	接触器	CJ10-20，线圈电压 380V，20 A	个	3	
8	熔断器 FU1	RL1-60/25，380V，60A，熔体配 25A	套	3	
9	熔断器 FU2	RL1-15/2，380V，15A，熔体配 2A	套	2	
10	热继电器	JR16-20/3，三极，20A	只	1	
11	按钮	LA10-2H	只	1	
12	时间继电器	JS20 或 JS7-4A	只	1	
13	木螺钉	ϕ3×20mm；ϕ3×15mm	个	30	
14	平垫圈	ϕ4mm	个	30	
15	圆珠笔	自定	支	1	
16	主电路导线	BVR-1.5，1.5mm^2（7×0.52mm）（黑色）	m	若干	
17	控制电路导线	BVR-1.0，1.0mm^2（7×0.43mm）	m	若干	
18	按钮线	BVR-0.75，0.75mm^2	m	若干	
19	接地线	BVR-1.5，1.5 mm^2（黄绿双色）	m	若干	
20	行线槽	18mm×25mm	m	若干	
21	编码套管	自定	m	若干	

任务实施

一、时间继电器自动控制丫—△减压启动控制线路的安装与检修

1．绘制元器件布置图和接线图

根据如图 4-2-1 所示时间继电器自动控制丫—△减压启动控制线路原理图，读者可自行绘制其元器件布置图和实物接线图，在此不再赘述。

2．元器件规格、质量检查

（1）根据表 4-2-2 所示的元器件明细表，检查其各元器件、耗材与表中的型号与规格是否一致。

（2）检查各元器件的外观是否完整无损，附件、备件是否齐全。

（3）用仪表检查各元器件和电动机的有关技术数据是否符合要求。

3．根据元器件布置图安装和固定低压电器元件

当元器件检查完毕后，按照所绘制的元器件布置图安装和固定电器元件。

4．根据电气原理图和安装接线图进行行线槽配线

当元器件安装完毕后，按照如图 4-2-1 所示的原理图和安装接线图进行板前行线槽配线。接线效果图如图 4-2-6 所示。

图 4-2-6　接线效果图

5．电动机的连接

按照电动机铭牌上的接线方法，正确连接接线端子，接线时，要保证电动机△形接法的正确性，即接触器主触头闭合时，应保证定子绕组的 U1 与 W2、V1 与 U2、W1 与 V2 相连接。最后连接电动机的保护接地线。

6．自检

当线路安装完毕后，必须经过自检，并经指导教师确认无误后方可通电试车。自检的方法及步骤读者可自行分析，在此不再赘述。

操作提示

在进行时间继电器自动控制自耦变压器减压启动控制线路的安装时应注意以下几点：

① 时间继电器和热继电器的整定值，应在不通电时预先整定好，并在试车时校正。

② 时间继电器的安装位置，必须使继电器在断电后，动铁芯释放时的运动方向垂直向下。

③ 接线时，要保证电动机△形接法的正确性，即接触器主触头闭合时，应保证定子绕组的 U1 与 W2、V1 与 U2、W1 与 V2 相连接。

二、时间继电器自动控制丫—△减压启动控制线路的故障现象、分析及检修

1．主电路的故障分析及检修

【故障现象 1】丫形启动时电动机发出"嗡嗡"声，电动机的转速很慢，5s 后转入△形全压正常运行。

【故障分析】这是典型的电动机丫形启动缺相运行。采用逻辑分析法对故障现象进行分析可知，其最小故障范围可用虚线表示，如图 4-2-7 所示。

【故障检修】根据如图 4-2-7 所示的最小故障范围，首先切断电源，可以采用直流电阻测量法进行检测。检测时可参照前面任务所介绍的方法进行操作，在此不再赘述。

【故障现象 2】电动机丫形启动时正常，5s 后转入△形全压运行时，电动机发出"嗡嗡"声，电动机的转速很慢。

【故障分析】这是典型的电动机△形运行缺相运行。采用逻辑分析法对故障现象进行分析可知，其最小故障范围可用虚线表示，如图 4-2-8 所示。

【故障检修】根据如图 4-2-8 所示的故障最小范围，首先切断电源，可以采用直流电阻测量法进行检测。检测方法是：将万用表的量程选到 R×100，然后以接

图 4-2-7　故障最小范围

触器 KM2 的主触头为分界点，分别将万用表的表笔搭接在与 KM2 主触头相连接的 U1U2、

V1V2、W1W2 的接线柱上，若三次测得回路的阻值都很小，则说明故障在 KM2 的主触头上；若测得的阻值不正常，说明故障在与 KM2 主触头连接的回路上，运用前面任务学过的方法可判断出故障点并排除故障。

【故障现象 3】无论是Y形启动还是△形运行，电动机都发出"嗡嗡"声，并且转速都很慢。

【故障分析】这是典型的电动机Y—△减压启动缺相运行。采用逻辑分析法对故障现象进行分析可知，其故障最小范围可用虚线表示，如图 4-2-9 所示。

图 4-2-8　故障最小范围

图 4-2-9　故障最小范围

【故障检修】根据如图 4-2-9 所示的故障最小范围，首先按下停止按钮，可以采用电压法和直流电阻测量法进行检测。检测方法是：以接触器 KM1 的主触头为分界点，在主触头的上方采用电压法分别测量三相电源电压是否正常，如果正常说明故障出在接触器 KM1 主触头上，具体检修过程读者可参照前面任务进行自行分析和检测。

2．控制电路的故障分析与检修

Y—△减压启动控制线路的一般故障检修与前面任务所述的方法基本相同，在此仅就一些复杂的故障检修进行介绍。

【故障现象 1】按下启动按钮 SB2 后，KT 动作，电动机Y形启动，启动时间到，电动机仍然处于Y形启动状态，不会转入△形运行。

【故障分析】采用逻辑分析法对故障现象进行分析可知，其故障最小范围可用虚线表示，如图 4-2-10 所示。

【故障检修】根据如图 4-2-10 所示的故障最小范围，首先按下停止按钮，然后断开 KM1 线圈回路，可以采用电笔测量法进行检测。检测方法是：断开 KM1 线圈回路，以接触器

KM3 的辅助常闭触头为分界点，用电笔测量 KM3 辅助常闭触头（7-8）两端是否有电，来观察故障点，具体检修过程读者可参照前面任务进行自行分析和检测。

【故障现象 2】按下启动按钮 SB2 后，KT、KM3 不动作，电动机无Y形启动，启动时间到，电动机直接转入△形启动运行。

【故障分析】采用逻辑分析法对故障现象进行分析可知，其故障最小范围可用虚线表示，如图 4-2-11 所示。

图 4-2-10　故障最小范围

图 4-2-11　故障最小范围

【故障检修】根据如图 4-2-11 所示的故障最小范围，首先按下停止按钮，采用电笔测量法进行检测。检测方法是：以接触器 KM3 的辅助常开触头为分界点，用电笔测量 KM3 辅助常闭触头（5-7）两端是否有电，来观察故障点，若两端有电正常，则说明故障点在 KM3 辅助常闭触头（5-7）上，若不正常故障点在与 KM3 辅助常闭触头（5-7）连接的导线上。

想一想　练一练

按下启动按钮 SB2 后，KT 动作、KM3 不动作，电动机无Y形启动，启动时间到，电动机直接转入△启动运行。试画出故障最小范围，并说出故障检修方法。

检查评议

对任务实施的完成情况进行检查，并将结果填入表 4-2-3。

表 4-2-3　任务测评表

序号	主 要 内 容	考 核 要 求	评 分 标 准	配分	扣分	得分
1	线路安装检修	根据任务，按照电动机基本控制线路的安装步骤和工艺要求，进行线路的安装与检修	1. 按图接线，不按图接线扣 10 分 2. 元件安装正确、整齐、牢固，否则一个扣 2 分 3. 行线槽整齐美观，横平竖直、高低平齐，转角 90°，否则每处扣 2 分 4. 线头长短合适，线耳方向正确，无松动，否则每处扣 1 分 5. 配线齐全，否则一根扣 5 分 6. 编码套管安装正确，否则每处扣 1 分 7. 通电试车功能齐全，否则扣 40 分	60		
2	线路故障检修	人为设置隐蔽故障 3 个，根据故障现象，正确分析故障原因及故障范围，采用正确的检修方法，排除线路故障	1. 不能根据故障现象画出故障最小范围扣 10 分 2. 检修方法错误扣 5～10 分 3. 故障排除后，未能在线路图中用"×"标出故障点，扣 10 分 4. 故障排除完全。只能排除 1 个故障扣 20 分，3 个故障都未能排除扣 30 分	30		
3	安全文明生产	劳动保护用品穿戴整齐；电工工具佩带齐全；遵守操作规程；尊重老师，讲文明礼貌；考试结束要清理现场	1. 操作中，违反安全文明生产考核要求的任何一项扣 2 分，扣完为止 2. 当发现学生有重大事故隐患时，要立即予以制止，并每次扣安全文明生产总分 5 分	10		
合　计						
开始时间：			结束时间：			

项目测试题

一、选择题（请将正确的答案序号填入括号内）

1. 三相笼型异步电动机直接启动电流会很大，一般可达额定电流的（　　）倍。

　　A. 2～3　　　　　　B. 3～4　　　　　　C. 4～7　　　　　　D. 10

2. 晶体管式时间继电器比气囊式时间继电器寿命、调节方便、耐冲击三项性能上（　　）。

　　A. 差　　　　　　B. 良　　　　　　C. 优　　　　　　D. 因使用场合不同而异

3. 通电延时型时间继电器的触头动作情况为（　　）。

　　A. 线圈通电时延时触头延时动作，断电时延时触头瞬时动作

　　B. 线圈通电时延时触头瞬时动作，断电时延时触头延时动作

　　C. 线圈通电时延时触头不动作，断电时延时触头动作

　　D. 线圈通电时瞬时触头不动作，断电时延时触头动作

4. 自耦变压器减压启动的方法一般用于（　　）的三相笼型异步电动机。

　　A. 功率较大　　　B. 功率较小　　　C. 功率很小　　　D. 各种功率

5. QJ10 系列空气式手动自耦变压器减压启动器适用于交流 50Hz、电压 380V 及以下、容量 75kW 及以下的三相笼型异步电动机，作（　　）减压启动和停止用。

　　A. 频繁　　　　　B. 不频繁　　　　C. 断续　　　　　D. 连续

6. XJ01 系列自耦减压启动箱广泛用于交流为 50Hz、电压为 380V、功率为（　　）kW 的三相笼型异步电动机的减压启动。

    A．10　　　　　　　B．10～14　　　　　C．14～300　　　　D．300～500

7. 为了使三相异步电动机能采用Y—△减压启动，电动机在正常运行时必须是（　　）。

    A．Y 连接　　　　　B．△连接　　　　　C．Y/△连接　　　D．延边△连接

8. Y—△减压启动时的启动转矩为直接启动转矩的（　　）倍。

    A．2　　　　　　　　B．1/2　　　　　　C．3　　　　　　　D．1/3

9. Y—△减压启动时的启动电流为电动机额定电流的（　　）倍。

    A．2　　　　　　　　B．1/2　　　　　　C．3　　　　　　　D．1/3

10. Y—△减压启动控制接线时，要保证电动机△连接的正确性，即接触器主触头闭合时应保证定子绕组（　　）。

    A．U1 与 U2、V1 与 V2、W1 与 W2 相连

    B．U1 与 V2、V1 与 W2、W1 与 U2 相连

    C．U1 与 W2、V1 与 U2、W1 与 V2 相连

    D．U1 与 W1、V1 与 V2、U2 与 W2 相连

二、判断题（正确的打"√"，错误的打"×"）

1. 直接启动的优点是电气设备少，电路简单，维修量小。　　　　　　　　　　（　　）

2. 串电阻减压启动不能频繁启动电动机，否则电阻温度很高，对于精密的机床会产生一定的影响。　　　　　　　　　　　　　　　　　　　　　　　　　　　　　　（　　）

3. 电源变压器容量在 180kVA，电动机功率在 7kW 以下的三相异步电动机可直接启动。

                                                      （　　）

4. 减压启动的目的是为了节省电源能量。　　　　　　　　　　　　　　　　（　　）

5. 晶体管式时间继电器也称半导体时间继电器或称电子式时间继电器，是自动控制系统的重要元件。　　　　　　　　　　　　　　　　　　　　　　　　　　　　　　　（　　）

6. 晶体管式时间继电器只有通电延时型。　　　　　　　　　　　　　　　　（　　）

7. 自耦变压器减压启动是指电动机启动时，利用自耦变压器来降低加在电动机定子绕组上的启动电压。　　　　　　　　　　　　　　　　　　　　　　　　　　　　　（　　）

8. QJD3 系列手动自耦变压器减压启动器是通过自耦变压器的三个 65%（80%）抽头接入电动机进行减压启动的。　　　　　　　　　　　　　　　　　　　　　　　　（　　）

9. 三相笼型异步电动机都可以采用Y—△减压启动，大功率Y连接的电动机也可采用Y—△减压启动。　　　　　　　　　　　　　　　　　　　　　　　　　　　　　（　　）

10. △连接的电动机在启动时，定子绕组接成Y连接，加在每相定子绕组上的启动电压只有△连接的 1/3。　　　　　　　　　　　　　　　　　　　　　　　　　　　（　　）

11. 凡是在正常运行时定子绕组作△连接的异步电动机，均可采用Y—△减压启动。

                                                      （　　）

三、简答题

1. 什么是减压启动？常见的减压启动方法有哪几种？

2．如图 4-2-12 所示为正反转串电阻减压启动控制电路图，试分析其工作原理。

3．丫—△减压启动有什么特点？叙述其工作原理。

图 4-2-12 正反转串电阻减压启动控制电路

项目 三相笼型异步电动机

制动控制电路的安装与检修

生产机械在电动机的拖动下运转，当电动机失电后，由于惯性作用电动机不可能立即停下来，而会继续转动一段时间才会完全停下来。这种现象一是会使生产机械的工作效率变低，二是对于某些生产机械是不适宜的。为了能使电动机迅速停转，满足生产机械的这种要求，就需要对电动机进行制动。

所谓制动，就是给电动机一个与转动方向相反的转矩使它迅速停转（或限制其转速）。制动的方法一般有两类：机械制动和电力制动。

 任务 1 电磁抱闸制动器制动控制电路的安装与检修

知识目标：
1. 熟悉电磁抱闸制动器的功能、基本结构、工作原理及型号含义。
2. 正确理解三相笼型异步电动机电磁抱闸制动器制动控制电路的工作原理。
3. 能正确识读电磁抱闸制动器制动控制电路的原理图、接线图和布置图。

能力目标：
1. 会电磁抱闸制动器的选用与简单检修。
2. 会按照工艺要求正确安装三相笼型异步电动机电磁抱闸制动器制动控制电路。
3. 能根据故障现象，检修三相笼型异步电动机电磁抱闸制动器制动控制电路。

素质目标：
养成独立思考和动手操作的习惯，培养小组协调能力和互相学习的精神。

工作任务

电动机断开电源后,利用机械装置产生的反作用力矩使其迅速停转的方法叫机械制动。机械制动常用的方法有电磁抱闸制动器制动和电磁离合器制动。如 X62W 万能铣床的主轴电动机就采用电磁离合器制动以实现准确停车。而在 20/5t 桥式起重机上，主钩、副钩、大车、小车全部采用电磁抱闸制动以保证电动机失电后的迅速停车。如图 5-1-1 为 20/5t 桥式起重机副钩上采用的电磁抱闸断电制动控制电路。本次任务的主要内容是：完成对电磁抱闸制动器断电制动控制电路的安装与检修。

1—线圈；2—衔铁；3—弹簧；4—闸轮；5—闸瓦；6—杠杆

图 5-1-1 电磁抱闸断电制动控制电路

相关知识

一、电磁抱闸制动器

1. 结构及型号

（1）结构 制动电磁铁由铁芯、衔铁和线圈三部分组成。闸瓦制动器包括闸轮、闸瓦、杠杆和弹簧等部分。如图 5-1-2 所示为常用的 MZD1 系列交流制动电磁铁与 TJ2 系列闸瓦制动器的外形，它们配合使用共同组成电磁抱闸制动器，其结构如图 5-1-3(a)所示，图形符号如图 5-1-3(b)所示。

(a) MZD1 系列交流单相制动电磁铁

(b) TJ2 系列闸瓦制动器

图 5-1-2 制动电磁铁与闸瓦制动器

(a) 结构　　　　　　　　　　(b) 符号

1—线圈；2—衔铁；3—铁芯；4—弹簧；5—闸轮；6—杠杆；7—闸瓦；8—轴

图 5-1-3　电磁抱闸制动器

（2）型号　电磁铁和制动器的型号及其含义如下。

2．工作原理

电磁抱闸制动器分为断电制动型和通电制动型两种。

断电制动型的工作原理：当制动电磁铁的线圈得电时，制动器的闸瓦与闸轮分开，无制动作用；当线圈失电时，制动器的闸瓦紧紧抱住闸轮制动。

通电制动型的工作原理：当制动电磁铁的线圈得电时，闸瓦紧紧抱住闸轮制动；当线圈失电时，制动器的闸瓦与闸轮分开，无制动作用。

二、电磁抱闸制动器断电制动控制线路

如图 5-1-1 所示的电磁抱闸断电制动控制电路，其工作原理如下。

1．启动控制

首先合上电源开关 QS。按下启动按钮 SB1，接触器 KM 线圈得电，其自锁触头和主触头闭合，电动机 M 接通电源，同时电磁抱闸制动器 YB 线圈得电，衔铁与铁芯吸合，衔铁克服弹簧拉力，迫使制动杠杆向上移动，从而使制动器的闸瓦与闸轮分开，电动机正常运转。

2．制动控制

按下停止按钮 SB2，接触器 KM 线圈失电，其自锁触头和主触头分断，电动机 M 失电，

同时电磁抱闸制动器 YB 线圈也失电，衔铁与铁芯分开，在弹簧拉力的作用下，制动器的闸瓦紧紧抱住闸轮，使电动机被迅速制动而停转。

电磁抱闸制动器断电制动在起重机械上被广泛采用。其优点是能够准确定位，同时可防止电动机突然断电时，重物自行坠落。缺点是不经济。因为电磁抱闸制动器线圈耗电时间与电动机一样长。另外，由于电磁抱闸制动器在切断电源后的制动作用，使手动调整工件很困难，因此，对要求电动机制动后能调整工件位置的机床设备，可采用通电制动控制线路。

 任务准备

实施本任务教学所使用的实训设备及工具材料可参考表 5-1-1。

表 5-1-1　实训设备及工具材料

序号	名称	型号规格	单位	数量	备注
1	电工常用工具		套	1	
2	万用表	MF47 型	块	1	
3	三相四线电源	AC3×380/220 V、20 A	处	1	
4	三相电动机	Y112M-4，4 kW、380 V、△接法；或自定	台	1	
5	配线板	500 mm×600 mm×20 mm	块	1	
6	组合开关	HZ10-25/3	只	1	
7	接触器	CJ10-20，线圈电压 380V、20 A	个	1	
8	熔断器 FU1	RL1-60/25，380V、60A，熔体配 25A	套	3	
9	熔断器 FU2	RL1-15/2，380V、15A，熔体配 2A	套	2	
10	热继电器	JR16-20/3，三极，20A	只	1	
11	按钮	LA10-2H	只	1	
12	制动电磁铁	TJ2-200（配以 MZD1-200 电磁铁）	台	1	
13	木螺钉	ϕ3×20 mm；ϕ3×15 mm	个	30	
14	平垫圈	ϕ4 mm	个	30	
15	圆珠笔	自定	支	1	
16	主电路导线	BVR-1.5，1.5mm^2（7×0.52mm）（黑色）	m	若干	
17	控制电路导线	BVR-1.0，1.0mm^2（7×0.43mm）	m	若干	
18	按钮线	BVR-0.75，0.75mm^2	m	若干	
19	接地线	BVR-1.5，1.5 mm^2（黄绿双色）	m	若干	
20	行线槽	18mm×25mm	m	若干	
21	编码套管	自定	m	若干	

 任务实施

一、电磁抱闸制动器断电制动控制线路的安装与检修

1. 绘制元器件布置图和接线图

时间继电器自动控制定子绕组串接电阻减压启动控制线路的元器件布置图和实物接线图请读者自行绘制，在此不再赘述。

2．元器件规格、质量检查

（1）根据表 5-1-1 所示的元器件明细表，检查其各元器件、耗材与表中的型号与规格是否一致。

（2）检查各元器件的外观是否完整无损，附件、备件是否齐全。

（3）用仪表检查各元器件和电动机的有关技术数据是否符合要求。

3．根据元器件布置图安装固定低压电器元件

当元器件检查完毕后，按照所绘制的元器件布置图安装和固定电器元件。在此仅介绍电磁抱闸制动器的安装与调整。

（1）电磁抱闸制动器必须与电动机一起安装在固定的底座或座墩上，其地脚螺栓必须拧紧，且有防松措施；电动机轴伸出端上的制动闸轮必须与闸瓦制动器的抱闸机构在同一平面上，面且轴心要一致。

（2）电磁抱闸制动器安装后，必须在切断电源的情况下先进行粗调，然后在通电试车时再进行微调。粗调时以断电状态下用外力转不动电动机的转轴，而当用外力将制动电磁铁吸合后，电动机转轴能自由转动为合格。

4．根据电气原理图和安装接线图进行行线槽配线

当元器件安装完毕后，按照如图 5-1-1 所示的原理图和安装接线图进行板前行线槽配线。

5．电动机的连接

按照电动机铭牌上的接线方法，正确连接接线端子，然后将电动机定子绕组的电源引入线接到接线端子的 U、V、W 端子上，最后连接电动机的保护接地线。

6．自检

当线路安装完毕后，在通电试车前必须经过自检，并经指导教师确认无误后方可通电试车。其自检的方法及步骤与前面任务基本相同，不同点是在热继电器的下端 V 和 W 之间连接有电磁制动器线圈，重点检查线圈的通断情况。

7．通电试车

学生通过自检和教师确认无误后，可在教师的监护下通电试车。

二、电磁抱闸制动器断电制动控制线路的故障现象、分析及检查方法

由于电磁抱闸制动器断电制动控制线路与接触器自锁电路基本相同，其电气故障的检测方法也基本相同，在此仅就制动方面的故障进行介绍，其故障现象、原因分析及检修方法见表 5-1-2。

表 5-1-2　故障现象、原因分析及检查方法

故 障 现 象	原 因 分 析	检 查 方 法
电动机启动后，电磁抱闸制动器闸瓦与闸轮过热	闸瓦与闸轮的间距没有调整好，间距太小，造成闸瓦与闸轮有摩擦	检查闸瓦与闸轮的间距，调整间距后启动电动机一段时间后，停车再检查闸瓦与闸轮过热是否消失

续表

故 障 现 象	原 因 分 析	检 查 方 法
电动机断电后不能立即制动	闸瓦与闸轮的间距过大	检查调小闸瓦与闸轮的间距,调整间距后启动电动机,停车检查制动情况
电动机堵转	电磁抱闸制动器的线圈损坏或线圈连接线路断路,造成抱闸装置在通电的情况下没有放开	断开电源,拆下电动机的连接线;用电阻法或校验灯法检查故障点

 检查评议

对任务实施的完成情况进行检查,并将结果填入表 5-1-3。

表 5-1-3　任务测评表

序 号	主要内容	考核要求	评分标准	配分	扣分	得分
1	线路安装检修	根据任务,按照电动机基本控制线路的安装步骤和工艺要求,进行线路的安装与检修	1. 按图接线,不按图接线扣10分 2. 元件安装正确、整齐、牢固,否则一个扣2分 3. 行线槽整齐美观,横平竖直、高低平齐,转角90°,否则每处扣2分 4. 线头长短合适,线耳方向正确,无松动,否则每处扣1分 5. 配线齐全,否则一根扣5分 6. 编码套管安装正确,否则每处扣1分 7. 通电试车功能齐全,否则扣40分	60		
2	线路故障检修	人为设置隐蔽故障3个,根据故障现象,正确分析故障原因及故障范围,采用正确的检修方法,排除线路故障	1. 不能根据故障现象画出故障最小范围扣10分 2. 检修方法错误扣5~10分 3. 故障排除后,未能在线路图中用"×"标出故障点,扣10分 4. 故障排除完全。只能排除1个故障扣20分,3个故障都未能排除扣30分	30		
3	安全文明生产	劳动保护用品穿戴整齐;电工工具佩带齐全;遵守操作规程;尊重老师,讲文明礼貌;考试结束要清理现场	1. 操作中,违犯安全文明生产考核要求的任何一项扣2分,扣完为止 2. 当发现学生有重大事故隐患时,要立即予以制止,并每次扣安全文明生产总分5分	10		
合　计						
开始时间:			结束时间:			

 知识拓展

电磁离合器

电磁离合器制动的原理和电磁抱闸制动器的制动原理相似,所不同的是:电磁离合器是利用动、静摩擦片之间产生足够大的摩擦力,使电动机断电后立即制动的。

1. 电磁离合器的结构

电磁离合器的结构如图 5-1-4 所示。

(a) 外形图

(b) 结构示意图

1—键；2—绳轮轴；3—法兰；4—制动弹簧；5—动铁芯；
6—励磁线圈；7—静铁芯；8—静摩擦片；9—动摩擦片

图 5-1-4 断电制动型电磁离合器的外形和结构示意图

2．电气控制线路

电磁离合器的制动控制线路与电磁抱闸断电控制线路基本相同。

3．制动原理

电磁离合器制动的原理为：电动机断电时，线圈失电，制动弹簧将静摩擦片紧紧地压在动摩擦片上，此时电动机通过绳轮轴被制动。当电动机通电运转时，线圈也同时得电，电磁铁的动铁芯被静铁芯吸合，使静摩擦片分开，于是动摩擦片连同绳轮轴在电动机的带动下正常启动运转。当电动机切断电源时，线圈也同时失电，制动弹簧立即将静摩擦片连同铁芯推向转动着的动摩擦片，强大的弹簧张力迫使动、静摩擦片之间产生足够大的摩擦力，使电动机断电后立即受制动停转。

任务 2 反接制动控制电路的安装与检修

知识目标：

1．熟悉速度继电器的功能、基本结构、工作原理及型号含义。

2．正确理解三相异步电动机反接制动控制电路的工作原理。

3．能正确识读反接制动控制电路的原理图、接线图和布置图。

能力目标：

1．会按照工艺要求正确安装三相异步电动机反接制动控制电路。

2．能根据故障现象，检修三相异步电动机反接制动控制电路。

素质目标：

养成独立思考和动手操作的习惯，培养小组协调能力和互相学习的精神。

工作任务

电力制动是指使电动机在切断定子电源停转的过程中，产生一个和电动机实际旋转方向相反的电磁力矩（制动力矩），迫使电动机迅速制动停转的方法。电力制动常用的方法有：反接制动、能耗制动、电容制动和再生发电制动等。

如图 5-2-1 所示为单向启动反接制动控制电路。本次任务的主要内容是：完成对单向启动反接制动控制电路的安装与检修。

图 5-2-1 单向启动反接制动控制电路

 相关知识

一、反接制动

依靠改变电动机定子绕组的电源相序来产生制动力矩，迫使电动机迅速停转的方法称为反接制动。反接制动的原理图如图 5-2-2 所示。当电动机为正常运行时，电动机定子绕组的电源相序为 L1-L2-L3，电动机将沿旋转磁场方向以 $n<n_1$ 的速度正常运转。当电动机需要停转时，可拉开开关 QS，使电动机先脱离电源（此时转子仍按原方向旋转），当将开关迅速向下投合时，使电动机三相电源的相序发生改变，旋转磁场反转，此时转子将以 n_1+n 的相对速度沿原转动方向切割旋转磁场，在转子绕组中产生感应电流，其方向可由左手定则判断出来，可见此转矩方向与电动机的转动方向相反，使电动机受制动迅速停转。

图 5-2-2 反接制动原理图

值得注意的是：当电动机转速接近零值时，应立即切断电动机的电源，否则电动机将反转。在反接制动设备中，为保证电动机的转速被制动到接近零值时能迅速切断电源，防止反向启动，常利用速度继电器来自动地及时切断电源。

二、速度继电器

速度继电器是反映转速和转向的继电器，其主要作用是以旋转速度的快慢为指令信号，与接触器配合实现对电动机的反接制动控制，故又称为反接制动继电器。

1. 型号意义

常用速度继电器的型号及其含义如下。

2. 结构及工作原理

如图 5-2-3 所示为常用的 JY1 型速度继电器的结构和工作原理。它主要由定子、转子、可动支架、触头系统及端盖等部分组成。转子由永久磁铁制成，固定在转轴上；定子由硅钢片叠成并装有笼型短路绕组，能作小范围偏转；触头系统由两组转换触头组成，一组在转子正转时动作，另一组在转子反转时动作。

(a) 实物图　　　　　　　　　　　(b) 外形图

(c) 结构　　　　　　　　　　　(d) 图形符号

1—可动支架；2—转子；3—定子；4—端盖；5—连接头；6—电动机轴；7—转子（永久磁铁）；
8—定子；9—定子绕组；10—胶木摆杆；11—簧片（动触头）；12—静触头

图 5-2-3　　JY1 型速度继电器的结构和工作原理

当电动机旋转时，带动与电动机同轴相连的速度继电器的转子旋转，相当于在空间产生旋转磁场；从而在定子笼型短路绕组中产生感应电流，感应电流与永久磁铁的旋转磁场相互作用，产生电磁转矩，使定子随永久磁铁转动的方向偏转，与定子相连的胶木摆杆也随之偏转。当定子偏转到一定角度，胶木摆杆推动簧片，使继电器的触头动作。

当转子转速减小到零时，由于定子的电磁转矩减小，胶木摆杆恢复原状态，触头随即复位。

速度继电器的动作转速一般不低于 100～300r/min，复位速度约在 100r/min 以下。常用的速度继电器中，JY1 型能在 3000r/min 以下可靠地工作，JFZ0 型的两组触头改用两个微动开关，使其触头的动作速度不受定子偏转速度的影响。额定工作转速有 300～1000r/min（JFZ0-1 型）和 1000～3600r/min（JFZ0-2 型）两种。

三、电动机单向启动反接制动控制线路分析

1. 电路组成

如图 5-2-1 所示为电动机单向启动反接制动控制线路，反接制动属于电力制动。电路的主电路和正反转控制线路的主电路基本相同，只是在反接制动时增加了三个限流电阻 R。线路中 KM1 为正转运行接触器，KM2 为反接制动接触器，KS 为速度继电器，其轴与电动机轴相连（图 5-2-4 中用点画线表示）。

2. 工作原理

线路的工作原理如下：先合上电源开关 QS。

【单向启动控制】

【反接制动控制】

反接制动时，由于旋转磁场与转子的相对转速（n_1+n）很高，故转子绕组中感生电流很大，致使定子绕组中的电流很大，一般约为电动机额定电流的 10 倍左右。因此，反接制动适用于 10kW 以下小容量电动机的制动，并且对 4.5kW 以上的电动机进行反接制动时，需在定子绕组回路中串入限流电阻 R，以限制反接制动电流。

反接制动的优点是制动力强，制动迅速。缺点是制动准确性差，制动过程中冲击强烈，易损坏传动零件，制动能量消耗大，不宜经常制动。因此，反接制动一般适用于制动要求迅速、系统惯性较大、不经常启动与制动的场合，如铣床、镗床、中型车床等主轴的制动控制。

任务准备

实施本任务教学所使用的实训设备及工具材料可参考表 5-2-1。

表 5-2-1　实训设备及工具材料

序　号	名　称	型号规格	单　位	数　量	备　注
1	电工常用工具		套	1	
2	万用表	MF47 型	块	1	
3	三相四线电源	AC3×380/220V、20A	处	1	
4	三相电动机	Y112M-4，4kW、380V、△接法；或自定	台	1	
5	配线板	500mm×600mm×20mm	块	1	
6	组合开关	HZ10-25/3	只	1	
7	接触器	CJ10-20，线圈电压 380V、20 A	个	2	
8	熔断器 FU1	RL1-60/25，380V、60A，熔体配 25A	套	3	
9	熔断器 FU2	RL1-15/2，380V、15A，熔体配 2A	套	2	
10	热继电器	JR16-20/3，三极、20A	只	1	
11	按钮	LA10-2H	只	1	
12	速度继电器	JY1	只	1	
13	限流电阻	自定	只	3	
14	木螺钉	$\phi3×20mm$；$\phi3×15mm$	个	30	
15	平垫圈	$\phi4mm$	个	30	
16	圆珠笔	自定	支	1	
17	主电路导线	BVR-1.5，1.5mm²（7×0.52mm）（黑色）	m	若干	
18	控制电路导线	BVR-1.0，1.0mm²（7×0.43mm）	m	若干	
19	按钮线	BVR-0.75，0.75mm²	m	若干	
20	接地线	BVR-1.5，1.5mm²（黄绿双色）	m	若干	
21	行线槽	18mm×25mm	m	若干	
22	编码套管	自定	m	若干	

任务实施

一、电动机单向启动反接制动控制线路的安装与检修

1．绘制元器件布置图和接线图

根据如图 5-2-1 所示电动机单向启动反接制动控制线路原理图，读者可自行绘制其元器件布置图和实物接线图，在此不再赘述。

2．元器件规格、质量检查

（1）根据表 5-2-1 所示的元器件明细表，检查其各元器件、耗材与表中的型号与规格是否一致。

（2）检查各元器件的外观是否完整无损，附件、备件是否齐全。

（3）用仪表检查各元器件和电动机的有关技术数据是否符合要求。

3．根据元器件布置图安装和固定低压电器元件

当元器件检查完毕后，按照所绘制的元器件布置图安装和固定电器元件。在此仅介绍速度继电器的安装与使用。

（1）速度继电器的转轴应与电动机同轴连接，使两轴的中心线重合。速度继电器的轴可用联轴器与电动机的轴连接。

（2）速度继电器安装接线时，应注意正反向触头不能接错，否则不能实现反接制动控制。

（3）速度继电器的金属外壳应可靠接地。

4．根据电气原理图和安装接线图进行行线槽配线

当元器件安装完毕后，按照如图 5-2-1 所示的原理图和安装接线图进行板前行线槽配线。

 操作提示

① 布线时要注意电路中的 KM2 的相序不能接错，否则会使电动机不能制动，而且电动机的转向与启动时相同。

② 速度继电器安装接线时，应注意正反向触头不能接错，否则不能实现反接制动控制。

5．电动机的连接

按照电动机铭牌上的接线方法，正确连接接线端子，然后将电动机定子绕组的电源引入线接到接线端子的 U、V、W 端子上，最后连接电动机的保护接地线。

6．自检

当线路安装完毕后，必须经过自检，并经指导教师确认无误后方可通电试车。自检的方法及步骤读者可自行分析，在此不再赘述。

二、电动机单向启动反接制动控制线路的故障现象、分析及检修

1．主电路的故障检修

电动机单向启停主电路的故障现象和故障检修与前面任务中主电路的故障现象和故障检修相同，在此不再赘述，读者可自行分析，此处仅介绍反接制动时主电路的故障分析与检修。

【故障现象】电动机正常运行时，当按下停止按钮 SB1 后，接触器 KM1 断电，KM2 动作，但电动机不能立即停下，会继续沿着原来的方向做惯性运动，并且转速很慢，并发出"嗡嗡"声。

【故障分析】这是典型的反接制动缺相运行现象。采用逻辑分析法对故障现象进行分析可知，其故障最小范围可用虚线表示，如图 5-2-4 所示。

图 5-2-4　故障最小范围

【故障检修】根据如图 5-2-4 所示的故障最小范围，可以采用电压测量法和采用电阻回路测量法，以接触器 KM2 的主触头为分界点进行检测。检测时可参照前面任务所介绍的方法进行操作，在此不再赘述。

2. 控制电路的故障检修

运用前面接触器连锁正反转控制线路任务所学的方法自行分析及维修电动机单向启动反接制动控制线路的故障。在此仅就速度继电器造成控制电路的故障进行分析，见表 5-2-2。

表 5-2-2　控制电路故障现象、原因及检查方法

故 障 现 象	原 因 分 析	检 查 方 法
反接制动时速度继电器失效，电动机不制动	（1）胶木摆杆断裂 （2）触头接触不良 （3）弹性动触片断裂或失去弹性 （4）笼型绕组开路	（1）更换胶木摆杆 （2）清洗触头表面油污 （3）更换弹性动触片 （4）更换笼型绕组
电动机不能正常制动	速度继电器的弹性动触片调整不当	（1）将调整螺钉向下旋，弹性动触片弹性增大，速度较高时继电器才动作 （2）将调整螺钉向上旋，弹性动触片弹性减少，速度较低时继电器即动作
制动效果不显著	（1）速度继电器的整定转速过高 （2）速度继电器永磁转子磁性减退 （3）限流电阻 R 阻值太大	首先调松速度继电器的整定弹簧，观察制动效果是否有明显改善。如若制动效果不明显改善，则减小限流电阻 R 阻值，调整后再观察其变化，若仍然制动效果不明显，则更换速度继电器

续表

故 障 现 象	原 因 分 析	检 查 方 法
制动后电动机反转	由于制动太强，速度继电器的整定速度太低电动机反转	（1）调紧调节螺钉 （2）增加弹簧弹力
制动时电动机振动过大	由于制动太强，限流电阻 R 阻值太小，造成制动时电动机振动过大	适当减小限流电阻

 检查评议

对任务实施的完成情况进行检查，并将结果填入表 5-2-3。

表 5-2-3　任务测评表

序 号	主要内容	考 核 要 求	评 分 标 准	配分	扣分	得分
1	线路安装检修	根据任务，按照电动机基本控制线路的安装步骤和工艺要求，进行线路的安装与检修	1．按图接线，不按图接线扣 10 分 2．元件安装正确、整齐、牢固，否则一个扣 2 分 3．行线槽整齐美观，横平竖直、高低平齐，转角 90°，否则每处扣 2 分 4．线头长短合适，线耳方向正确，无松动，否则每处扣 1 分 5．配线齐全，否则一根扣 5 分 6．编码套管安装正确，否则每处扣 1 分 7．通电试车功能齐全，否则扣 40 分	60		
2	线路故障检修	人为设置隐蔽故障 3 个，根据故障现象，正确分析故障原因及故障范围，采用正确的检修方法，排除线路故障	1．不能根据故障现象画出故障最小范围扣 10 分 2．检修方法错误扣 5～10 分 3．故障排除后，未能在线路图中用"×"标出故障点，扣 10 分 4．故障排除完全。只能排除 1 个故障扣 20 分，3 个故障都未能排除扣 30 分	30		
3	安全文明生产	劳动保护用品穿戴整齐；电工工具佩带全；遵守操作规程；尊重老师，讲文明礼貌；考试结束要清理现场	1．操作中，违反安全文明生产考核要求的任何一项扣 2 分，扣完为止 2．当发现学生有重大事故隐患时，要立即予以制止，并每次扣安全文明生产总分 5 分	10		
合　计						
开始时间：			结束时间：			

 知识拓展

双向启动反接制动控制线路

如图 5-2-5 所示是典型的双向启动反接制动控制电路。

双向启动反接制动控制电路所用电器较多，线路较为复杂，但操作方便，运行安全可靠，是一种比较完善的控制电路。

几种常见的双向启动反接制动控制线路如图 5-2-6、图 5-2-7、图 5-2-8 所示，有兴趣的读者可自行分析线路的工作原理。

图 5-2-5 双向启动反接制动控制电路

(a)

(b)

图 5-2-6 双向启动反接制动控制电路

(c)

(d)

图 5-2-6 双向启动反接制动控制电路（续）

图 5-2-7 串电阻减压启动及反接制动控制电路

图 5-2-8　点动与连续、反接制动控制电路

任务 3　能耗制动控制电路的安装与检修

知识目标：

1. 正确理解三相异步电动机能耗制动控制电路的工作原理。
2. 能正确识读能耗制动控制电路的原理图、接线图和布置图。

能力目标：

1. 会按照工艺要求正确安装三相异步电动机能耗制动控制电路。
2. 能根据故障现象，检修三相异步电动机能耗制动控制电路。

素质目标：

养成独立思考和动手操作的习惯，培养小组协调能力和互相学习的精神。

　工作任务

前面任务介绍的反接制动优点是设备简单，调整方使，制动迅速，价格低。缺点是制动冲击大，制动能量损耗大，不宜频繁制动，且制动准确度不高，故适用于制动要求迅速，系统惯性较大、制动不频繁的场合。而对于要求频繁制动的则采用能耗制动控制，如 C5225 车床工作台主拖动电动机的制动采用的就是能耗制动控制线路。如图 5-3-1 所示就是典型的无变压器单相半波整流能耗制动控制电路。本次任务的主要内容是：完成对无变压器单相半波整流能耗制动控制电路的安装与检修。

图 5-3-1 无变压器单相半波整流能耗制动控制电路

一、能耗制动

当电动机切断交流电源后,立即在定子绕组中通入直流电,迫使电动机停转的方法称为能耗制动。其制动原理如图 5-3-2 所示。先断开电源开关 QS1,切断电动机的交流电源,这时转子仍沿原方向惯性运转;随后立即合上开关 QS2,并将 QS1 向下合闸,电动机 V、W 两相定子绕组通入直流电,使定子中产生一个恒定的静止磁场,这样做惯性运转的转子因切割磁力线而在转子绕组中产生感生电流,其方向可用右手定则判断出来,上面标 "×",下面标 "·"。绕组中一旦产生了感生电流,又立即受到静止磁场的作用,产生电磁转矩,用左手定则判断,可知转矩的方向正好与电动机的转向相反,使电动机受制动迅速停转。由于这种制动方法是通过在定子绕组中通入直流电以消耗转子惯性运转的动能来进行制动的,所以称为能耗制动,又称动能制动。

图 5-3-2 能耗制动原理图

对于 10kW 以下的电动机，常采用无变压器单相半波整流能耗制动自动控制线路，如图 5-3-1 所示。对于 10kW 以上的电动机，常采用有变压器单相桥式整流单向启动能耗制动自动控制线路。

二、无变压器单相半波整流能耗制动自动控制线路

无变压器单相半波整流能耗制动控制电路如图 5-3-1 所示，线路采用单相半波整流器作为直流电源，所用附加设备较少，线路简单，成本低。其工作原理如下。

1. 启动控制

首先合上电源开关 QS。

2. 停止制动控制

三、有变压器单相桥式整流单向启动能耗制动自动控制线路

有变压器单相桥式整流单向启动能耗制动自动控制线路如图 5-3-3 所示。其中直流电源由单相桥式整流器 VC 供给，TC 是整流变压器，电阻 R 是用来调节直流电流的，从而调节制动强度，整流变压器一次侧与整流器的直流侧同时进行切换，有利于提高触头的使用寿命。

图 5-3-3 有变压器单相桥式整流单向启动能耗制动自动控制线路

能耗制动的优点是制动准确、平稳，且能量消耗较小。缺点是需要附加直流电源装置，设备费用较高，制动力较弱，在低速时制动力矩小。因此能耗制动一般用于要求制动准确、平稳的场合，如磨床、立式铣床等的控制线路中。

四、能耗制动所需直流电源

现以常用的单相桥式整流电路为例，能耗制动所需直流电源一般按以下方法进行估算和选取。

（1）首先测量出电动机三根进线中任意两根之间的电阻 R（Ω）。

（2）测量出电动机的进线空载电流 I_0（A）。

（3）能耗制动所需的直流电流 I_L（A）$=KI_0$，所需的直流电压 U_L（V）$=I_L R$。其中 K 是系数，一般取 3.5～4。若考虑到电动机定子绕组的发热情况，并使电动机达到比较满意的制动效果，对转速高、惯性大的传动装置可取其上限。

（4）单相桥式整流电源变压器二次绕组电压和电流有效值分别为：

$$U_2 = \frac{U_L}{0.9} \quad (\text{V})$$

$$I_2 = \frac{I_L}{0.9} \quad (\text{A})$$

变压器计算容量为：

$$S = U_2 I_2 \quad (\text{V·A})$$

如果制动不频繁，可取变压器实际容量为：

$$S' = \left(\frac{1}{3} \sim \frac{1}{4}\right) S \quad (\text{V·A})$$

（5）可调电阻 $R \approx 2\,\Omega$，电阻功率 P_R（W）$= I_L^2 R$，实际选用时，电阻功率也可小些。

任务准备

实施本任务教学所使用的实训设备及工具材料可参考表 5-3-1。

表 5-3-1　实训设备及工具材料

序 号	名 称	型 号 规 格	单位	数量	备注
1	电工常用工具		套	1	
2	万用表	MF47 型	块	1	
3	三相四线电源	AC3×380/220V、20A	处	1	
4	三相电动机	Y112M-4，4kW、380V、△接法；或自定	台	1	
5	配线板	500mm×600mm×20mm	块	1	
6	组合开关	HZ10-25/3	只	1	
7	接触器	CJ10-20，线圈电压 380V，20 A	个	3	
8	熔断器 FU1	RL1-60/25，380V，60A，熔体配 25A	套	3	
9	熔断器 FU2	RL1-15/2，380V，15A，熔体配 2A	套	2	
10	热继电器	JR16-20/3，三极，20A	只	1	
11	按钮	LA10-2H	只	1	
12	时间继电器	JS20 或 JS7-4A	只	1	
13	制动电阻	0. 5Ω，50W（外接）	只	1	
14	整流二极管	2CZ30，30A，600V	只	1	
15	木螺钉	$\phi3×20$ mm；$\phi3×15$mm	个	30	
16	平垫圈	$\phi4$mm	个	30	
17	圆珠笔	自定	支	1	
18	主电路导线	BVR-1.5，1.5mm^2（7×0.52mm）（黑色）	m	若干	
19	控制电路导线	BVR-1.0，1.0mm^2（7×0.43mm）	m	若干	
20	按钮线	BVR-0.75，0.75mm^2	m	若干	
21	接地线	BVR-1.5，1.5 mm^2（黄绿双色）	m	若干	
22	行线槽	18mm×25mm	m	若干	
23	编码套管	自定	m	若干	

 任务实施

一、无变压器单相半波整流能耗制动自动控制线路的安装与检修

1．绘制元件布置图和接线图

根据如图 5-3-1 所示无变压器单相半波整流能耗制动自动控制线路原理图，请读者自行绘制其元件布置图和实物接线图，在此不再赘述。

2．元器件规格、质量检查

（1）根据表 5-3-1 中的元件明细表，检查其各元器件、耗材与表中的型号与规格是否一致。

（2）检查各元器件的外观是否完整无损，附件、备件是否齐全。

（3）用仪表检查各元器件和电动机的有关技术数据是否符合要求。

3．根据元件布置图安装和固定低压电器元件

当元器件检查完毕后，按照所绘制的元件布置图安装和固定电器元件。

4．根据电气原理图和安装接线图进行行线槽配线

当元件安装完毕后，按照如图 5-3-1 所示的原理图和安装接线图进行板前行线槽配线。

5．电动机的连接

按照电动机铭牌上的接线方法，正确连接接线端子，最后连接电动机的保护接地线。

6．自检

当线路安装完毕后，在通电试车前必须经过自检，并经指导教师确认无误后方可通电试车。自检的方法及步骤请读者自行分析，在此不再赘述。

二、无变压器单相半波整流能耗制动自动控制线路的故障现象、分析及维修

1．主电路的故障分析及检修

电动机的单方向运行主电路的故障分析与检修参见前面任务接触器自锁控制电路的故障检测方法，在此仅就主电路不能制动的故障进行分析。

图 5-3-4　故障最小范围

【故障现象】按下停止按钮 SB2，接触器 KM1 失电，KM2 得电动作，但电动机继续按原方向做惯性运动，不能立即停车。

【故障分析】这是典型的电动机脱离交流电源后未能加入直流电源所造成的故障。采用逻辑分析法对故障现象进行分析可知，其故障最小范围可用虚线表示，如图 5-3-4 所示。

【故障维修】根据如图 5-3-4 所示的故障最小范围，可以采用量电法和直流电阻测量法进行检测。具体检测方法是：用测电笔先测量 KM2 主触头的上端头是否有电；如没有电，则是 KM2 主触头上端头连接导线断路；如有电，则断开电源，用万用表的电阻挡，黑表笔固定在 KM2 主触头的上端头，按下 KM2 的触头架，红表笔逐点测量通断情况，故障点在通断两点之间。

2．控制电路的故障分析与检修

控制线路的一般故障检修与前面任务所述的方法基本相同，请读者自行分析。

检查评议

对任务实施的完成情况进行检查，并将结果填入表 5-3-2。

表 5-3-2　任务测评表

序号	主 要 内 容	考 核 要 求	评 分 标 准	配分	扣分	得分
1	线 路 安 装 检修	根据任务，按照电动机基本控制线路的安装步骤和工艺要求，进行线路的安装与检修	1. 按图接线，不按图接线扣 10 分 2. 元件安装正确、整齐、牢固，否则一个扣 2 分 3. 行线槽整齐美观，横平竖直、高低平齐，转角 90°，否则每处扣 2 分 4. 线头长短合适，线耳方向正确，无松动，否则每处扣 1 分 5. 配线齐全，否则一根扣 5 分 6. 编码套管安装正确，否则每处扣 1 分 7. 通电试车功能齐全，否则扣 40 分	60		
2	线 路 故 障 检修	人为设置隐蔽故障 3 个，根据故障现象，正确分析故障原因及故障范围，采用正确的检修方法，排除线路故障	1. 不能根据故障现象画出故障最小范围扣 10 分 2. 检修方法错误扣 5～10 分 3. 故障排除后，未能在线路图中用"×"标出故障点，扣 10 分 4. 故障排除完全。只能排除 1 个故障扣 20 分，3 个故障都未能排除扣 30 分	30		
3	安 全 文 明 生产	劳动保护用品穿戴整齐；电工工具佩带齐全；遵守操作规程；尊重老师，讲文明礼貌；考试结束要清理现场	1. 操作中，违反安全文明生产考核要求的任何一项扣 2 分，扣完为止 2. 当发现学生有重大事故隐患时，要立即予以制止，并每次扣安全文明生产总分 5 分	10		
合 计						
开始时间：			结束时间：			

 操作提示

在进行无变压器单相半波整流能耗制动自动控制线路的安装时应注意以下几点：

（1）时间继电器的整定时间不宜调得过长，以免制动时间过长而引起电动机定子绕组过热。

（2）整流二极管要配装散热器和固定散热器支架。

（3）进行停车制动时，停止按钮 SB2 要按到底。

 知识拓展

一、电容制动

当电动机切断交流电源后，立即在电动机定子绕组的出线端接入电容器来迫使电动机迅速停转的方法叫电容制动。

电容制动的原理是：当旋转着的电动机断开交流电源时，转子内仍有剩磁。随着转子的惯性转动，形成一个随转子转动的旋转磁场。该磁场切割定子绕组产生感生电动势，并通过电容器回路形成感生电流，这个电流产生的磁场与转子绕组中的感生电流相互作用，产生一个与旋转方向相反的制动力矩，使电动机受制动迅速停转。

电容制动控制电路图如图 5-3-5 所示。电阻 R1 是调节电阻,用以调节制动力矩的大小,电阻 R2 为放电电阻。经验证明,电容器的电容,对于 380V、50Hz 的笼型异步电动机,每千瓦每相约需要 150μF 左右。电容器的耐压应不小于电动机的额定电压。

实验证明,对于 5.5kW、△形接法的三相异步电动机,无制动停车时间为 22s,采用电容制动后其停车时间仅需 1s。对于 5.5kW、Y形接法的三相异步电动机,无制动停车时间为 36s,采用电容制动后其停车时间仅为 2s。所以电容制动是一种制动迅速、能量损耗小、设备简单的制动方法,一般用于 10kW 以下的小容量电动机,特别适用于存在机械摩擦和阻尼的生产机械和需要多台电动机同时制动的场合。有兴趣的读者可自行分析线路的工作原理。

图 5-3-5 电容制动控制电路

二、再生发电制动(又称回馈制动)

再生发电制动主要用在起重机械和多速异步电动机上。下面以起重机械为例说明其制动原理。

(a) 电动运行状态   (b) 发电制动状态

图 5-3-6 发电制动原理图

当起重机在高处开始下放重物时,电动机转速 n 小于同步转速 n_1,这时电动机处于电动运行状态,其转子电流和电磁转矩的方向如图 5-3-6(a) 所示。但由于重力的作用,在重物的下放过程中,会使电动机的转速 n 大于同步转速 n_1,这时电动机处于发电运行状态,转子相对于旋转磁场切割磁力线的运动方向发生了改变(沿顺时针方向),其转子电流和电磁转矩的方向都与电动运行时相反,如图 5-3-6(b)所示。可见电磁力矩变为制动力矩限制了重物的下降速度,保证了设备和人身安全。

三、几种常见的正反转能耗制动控制线路

几种常见的正反转能耗制动控制线路如图 5-3-7 所示,有兴趣的读者可自行分析其工作原理。

图 5-3-7　正反转能耗制动控制线路

图 5-3-7　正反转能耗制动控制线路（续）

项目测试题

一、选择题（请将正确的答案序号填入括号内）

1. 电磁制动器断电制动控制线路，当电磁制动器线圈（　　）时，电动机迅速停转。

    A. 失电　　　　　　　　B. 获电　　　　　　　C. 电流很大　　　　　D. 短路

2. 电磁制动器按动作类型分为（　　）种。

    A. 2　　　　　　　　　B. 3　　　　　　　　　C. 4　　　　　　　　　D. 5

3. 速度继电器的作用是（　　）。

    A. 限制运行速度　　　B. 速度计量　　　　　C. 反接制动　　　　　D. 能耗制动

4. 速度继电器的构造主要由（　　）组成。

    A. 定子、转子、端盖、基座等部分

    B. 电磁机构、触头系统、灭弧装置和其他附件等部分

    C. 定子、转子、端盖、可动支架和触头系统等部分

    D. 电磁机构、触头系统和其他附件等部分

5. 三相异步电动机反接制动时，采用对称制电阻接法，可以在限制制动转矩的同时，也限制（　　）。

    A. 制动电流　　　　　B. 启动电流　　　　　C. 制动电压　　　　　D. 启动电压

6. 反接制动时，旋转磁场与转子相对的运动速度很大，致使定子绕组中的电流一般为

额定电流的（　　）左右。

    A．5　　　　　　　　B．7　　　　　　　　C．10　　　　　　　　D．15

7．反接制动时，旋转磁场反向转动与电动机的转动方向（　　）。

    A．相反　　　　　　B．相同　　　　　　C．不变　　　　　　D．垂直

8．三相异步电动机能耗制动时，电动机处于（　　）状态。

    A．电动　　　　　　B．发电　　　　　　C．启动　　　　　　D．调速

9．三相异步电动机采用能耗制动时，当切断电源后，将（　　）。

    A．转子回路串入电阻　　　　　　　　B．定子绕组任意两相反接

    C．转子绕组进行反接　　　　　　　　D．定子绕组送入直流电

10．对于要求制动准确、平稳的场合，应采用（　　）制动。

    A．反接　　　　　　B．能耗　　　　　　C．电容　　　　　　D．再生发电

11．三相异步电动机的能耗制动是向三相异步电动机定子绕组中通入（　　）电流。

    A．单相交流　　　　B．三相交流　　　　C．直流　　　　　　D．反相序三相交流

二、判断题（正确的打"√"，错误的打"×"）

1．三相异步电动机的机械制动一般常用电磁制动器制动。　　　　　　　　（　　）

2．电磁制动器通电型的特点是当线圈得电时闸瓦紧紧抱住闸轮制动。　　　（　　）

3．电磁离合器是利用动、静摩擦片之间产生足够大的摩擦力，使电动机断电后立即制动的。　　　　　　　　　　　　　　　　　　　　　　　　　　　　　　　　　（　　）

4．反接制动是指依靠电动机定子绕组的电源相序来产生制动力矩，迫使电动机迅速停转的方法。　　　　　　　　　　　　　　　　　　　　　　　　　　　　　　　（　　）

5．反接制动由于制动时对电动机产生的冲击力比较大，因此应串入限流电阻，可用于大功率电动机。　　　　　　　　　　　　　　　　　　　　　　　　　　　　　（　　）

6．能耗制动是依靠电动机定子绕组的电源相序来产生制动力矩，迫使电动机迅速停转的方法。　　　　　　　　　　　　　　　　　　　　　　　　　　　　　　　　（　　）

7．能耗制动由于制动时对电动机产生的冲击力比较大，因此应串入限流电阻。

                                                （　　）

8．能耗制动的制动力矩与通入定子绕组中的直流电流成正比，因此电流越大越好。

                                                （　　）

三、简答题

1．什么是机械制动？常见的机械制动有哪两种？

2．电磁抱闸制动器分为哪两种类型？叙述其制动原理。

3．什么是电力制动？常用电力制动的方法有几种？

4．什么是反接制动？它有什么优缺点？

5．简述速度继电器的结构及工作原理。

6．什么是能耗制动？它有什么优缺点？叙述其与反接制动的异同点。

项目 6 多速异步电动机制动控制电路的安装与检修

在实际的机械加工生产中，许多生产机械为了适应各种工件加工工艺的要求，主轴需要有较大的调速范围，常采用的方法主要有两种：一种是通过变速箱机械调速；另一种是通过电动机调速。

由三相异步电动机的转速公式 $n = (1-s)\dfrac{60f_1}{p}$ 可知，改变异步电动机转速可通过三种方法来实现：一是改变电源频率 f_1；二是改变转差率 s；三是改变磁极对数 p。

改变异步电动机的磁极对数调速称为变极调速。变极调速是通过改变定子绕组的连接方式来实现的，它是有级调速，且只适用于笼型异步电动机。凡磁极对数可改变的电动机称为多速电动机。常见的多速电动机有双速、三速、四速等几种类型。但随着变频技术的快速发展和变频设备价格的快速下降，变频调速的使用逐步增加，采用多速电动机变极调速在设备中的使用在逐步减少。本教材仅介绍双速和三速异步电动机的控制线路。

任务 1 双速异步电动机控制电路的安装与检修

知识目标：

1. 熟悉双速异步电动机的定子绕组连接图。
2. 正确理解双速异步电动机控制电路的工作原理。
3. 能正确识读双速异步电动机控制电路的原理图、接线图和布置图。

能力目标：

1. 会按照工艺要求正确安装双速异步电动机控制电路。
2. 能根据故障现象，检修双速异步电动机控制电路。

素质目标：

养成独立思考和动手操作的习惯，培养小组协调能力和互相学习的精神。

工作任务

　　利用改变定子绕组极数的方法进行调速的异步电动机称为多速电动机。其中，双速异步电动机应用广泛，也比较经济，其调速方法有△/YY变极调速和Y/YY变极调速。如图 6-1-1 就是常见的时间继电器控制双速电动机控制电路。本次任务的主要内容是：完成对时间继电器控制双速电动机控制电路的安装与检修。

图 6-1-1　时间继电器控制双速电动机控制电路

 相关知识

一、△/YY变极调速

　　双速电动机定子绕组共有 6 个出线端。通过改变 6 个出线端与电源的连接方式，就可以得到两种不同的转速。双速电动机定子绕组△/YY接线图如图 6-1-2 所示。低速时接成△接法，磁极为 4 极，同步转速为 1500r/min；高速时接成YY接法，磁极为 2 极，同步转速为 3000r/min。可见，双速电动机高速运转时的转速是低速运转转速的两倍。

　　对于△/YY连接的双速电动机，其变极调速前后的输出功率基本不变，因此适用于负载功率基本恒定的恒功率调速，如普通金属切削机床等机械。

(a) 低速—△接法（4极）　　　　　　(b) 高速—丫丫接法（2极）

图 6-1-2　双速电动机三相定子绕组△/丫丫接线图

二、丫/丫丫变极调速

如图 6-1-3 所示，当 U1、V1、W1 接到三相交流电源时，三相绕组为丫连接，$2P=4$；如果将 U1、V1、W1 连接在一起，将 U2、V2、W2 接到电源上，则三相绕组成为丫丫连接，$2P=2$。对于丫/丫丫连接的双速电动机，其变极调速前后的输出转矩基本不变，因此适用于负载转矩基本恒定的恒转矩调速，如起重机、带式运输机等机械。

(a) 低速—丫接法（4极）　　　　　　(b) 高速—丫丫接法（2极）

图 6-1-3　双速电动机三相定子绕组丫/丫丫接线图

值得注意的是，双速电动机定子绕组从一种接法改变为另一种接法时，必须把电源相序反接，以保证电动机的旋转方向不变。

三、时间继电器控制双速电动机的控制线路

用时间继电器控制双速电动机低速启动高速运转的电路图如图 6-1-1 所示。其线路的工作原理如下。

【低速启动运行控制】

首先合上电源开关 QS。

【停止控制】

停止时，按下 SB3 即可。若电动机只需高速运转时，可直接按下 SB2，则电动机△形低速启动后，丫丫形高速运转。

任务准备

实施本任务教学所使用的实训设备及工具材料可参考表 6-1-1。

表 6-1-1 实训设备及工具材料

序 号	名 称	型 号 规 格	单 位	数 量	备 注
1	电工常用工具		套	1	
2	万用表	MF47 型	块	1	
3	三相四线电源	AC3×380/220 V、20 A	处	1	
4	双速电动机	△/丫丫接法；或自定	台	1	
5	配线板	500mm×600mm×20mm	块	1	

续表

序 号	名 称	型 号 规 格	单 位	数 量	备 注
6	组合开关	HZ10-25/3	只	1	
7	接触器	CJ10-20，线圈电压 380V，20 A	个	3	
8	熔断器 FU1	RL1-60/25，380V，60A，熔体配 25A	套	3	
9	熔断器 FU2	RL1-15/2，380V，15A，熔体配 2A	套	2	
10	热继电器	JR16-20/3，三极，20A	只	2	
11	按钮	LA10-3H	只	1	
12	时间继电器	JS7-4A	只	1	
13	木螺钉	$\phi 3 \times 20mm$；$\phi 3 \times 15mm$	个	30	
14	平垫圈	$\phi 4$ mm	个	30	
15	圆珠笔	自定	支	1	
16	主电路导线	BVR-1.5，1.5mm^2（7×0.52mm）（黑色）	m	若干	
17	控制电路导线	BVR-1.0，1.0mm^2（7×0.43mm）	m	若干	
18	按钮线	BVR-0.75，0.75mm^2	m	若干	
19	接地线	BVR-1.5，1.5mm^2（黄绿双色）	m	若干	
20	行线槽	18mm×25mm	m	若干	
21	编码套管	自定	m	若干	

 任务实施

一、时间继电器控制双速电动机控制线路的安装与检修

1．绘制元件布置图和接线图

时间继电器控制双速电动机的控制线路元件布置图和实物接线图请读者自行绘制，在此不再赘述。

2．元器件规格、质量检查

（1）根据表 6-1-1 中的元件明细表，检查其各元器件、耗材与表中的型号与规格是否一致。

（2）检查各元器件的外观是否完整无损，附件、备件是否齐全。

（3）用仪表检查各元器件和电动机的有关技术数据是否符合要求。

3．根据元件布置图安装和固定低压电器元件

当元器件检查完毕后，按照所绘制的元件布置图安装和固定电器元件。

4．根据电气原理图和安装接线图进行行线槽配线

当元件安装完毕后，按照如图 6-1-1 所示的原理图和安装接线图进行板前行线槽配线。

5．电动机的连接

按照电动机铭牌上的接线方法，正确连接接线端子，最后连接电动机的保护接地线。

6. 自检

当线路安装完毕后，在通电试车前必须经过自检，并经指导教师确认无误后方可通电试车。

7. 通电试车

学生通过自检和教师确认无误后，在教师的监护下进行通电试车。

二、时间继电器控制双速电动机控制线路的故障现象、分析及维修

1. 主电路的故障检修

时间继电器控制双速电动机控制线路主电路的故障现象和检修方法与前面任务中主电路的故障现象和检修方法相似，在此不再赘述，读者可自行分析。

2. 控制电路的故障检修

【故障现象 1】当按下低速启动按钮 SB1 后，电动机低速不能启动；当按下高速启动按钮 SB2 时，电动机仍然不能低速启动，5s 后，电动机直接转入高速启动运行。

【故障分析】采用逻辑分析法对故障现象进行分析可知，其故障最小范围可用虚线表示，如图 6-1-4 所示。

图 6-1-4　故障最小范围

【检修方法】根据如图 6-1-4 所示的故障最小范围，可以采用验电笔测量法进行检测。检测方法是：首先断开 KM1（5-9）的辅助常闭触头，切断回路电源，然后分别用验电笔检测故障最小范围的触头和连接的导线，即可找出故障点。

想一想　练一练

当按下低速启动按钮 SB1 后，电动机低速不能启动；当按下高速启动按钮 SB2 时，电动机低速启动正常，5s 后，电动机直接转入高速运行。请画出故障最小范围，并说出检修方法。

【故障现象 2】当按下低速启动按钮 SB1 后，电动机低速启动运行正常；当按下高速启动按钮 SB2 时，KM1、KT 不动作，电动机不能低速启动，5s 后，电动机不能转入高速启动运行。

【故障分析】采用逻辑分析法对故障现象进行分析可知，其故障最小范围可用虚线表示，如图 6-1-5 所示。

图 6-1-5　故障最小范围

【检修方法】根据如图 6-1-5 所示的故障最小范围，可以采用电压测量法和验电笔测量法进行检测。检测方法是：首先断开接触器 KM1 线圈控制回路，切断回路电源，检测方法可参照前面任务所介绍的方法进行操作，在此不再赘述。

想一想　练一练

（1）当按下低速启动按钮 SB1 后，电动机低速启动运行正常；当按下高速启动按钮 SB2 时，电动机低速启动，但 KT 不动作，5s 后，电动机仍然处于低速运行状态，不能转入高速启动运行。请画出故障最小范围，并说出检修方法。

（2）当按下低速启动按钮 SB1 后，电动机低速启动运行正常；当按下高速启动按钮 SB2 时，电动机低速启动，5s 后，电动机自行停止，不能转入高速启动运行。请画出故障最小范围，并说出检修方法。

检查评议

对任务实施的完成情况进行检查，并将结果填入表 6-1-2。

表 6-1-2　任务测评表

序号	主要内容	考核要求	评分标准	配分	扣分	得分
1	线路安装检修	根据任务，按照电动机基本控制线路的安装步骤和工艺要求，进行线路的安装与检修	1．按图接线，不按图接线扣 10 分 2．元件安装正确、整齐、牢固，否则一个扣 2 分 3．行线槽整齐美观，横平竖直、高低平齐，转角 90°，否则每处扣 2 分 4．线头长短合适，线耳方向正确，无松动，否则每处扣 1 分 5．配线齐全，否则一根扣 5 分 6．编码套管安装正确，否则每处扣 1 分 7．通电试车功能齐全，否则扣 40 分	60		
2	线路故障检修	人为设置隐蔽故障 3 个，根据故障现象，正确分析故障原因及故障范围，采用正确的检修方法，排除线路故障	1．不能根据故障现象，画出故障最小范围扣 10 分 2．检修方法错误扣 5～10 分 3．故障排除后，未能在线路图中用"×"标出故障点，扣 10 分 4．故障排除完全。只能排除 1 个故障扣 20 分，3 个故障都未能排除扣 30 分	30		
3	安全文明生产	劳动保护用品穿戴整齐；电工工具佩带齐全；遵守操作规程；尊重老师，讲文明礼貌；考试结束要清理现场	1．操作中，违反安全文明生产考核要求的任何一项扣 2 分，扣完为止 2．当发现学生有重大事故隐患时，要立即予以制止，并每次扣安全文明生产总分 5 分	10		
合 计						
开始时间：			结束时间：			

操作提示

（1）接线时，注意主电路中接触器 KM1、KM2 在两种转速下电源相序的改变，不能接错，否则，两种转速下电动机的转向相反，换向时将产生很大的冲击电流。

（2）控制双速电动机△形接法的接触器 KM1 和 YY 形接法的 KM2 的主触头不能对换接线，否则不但无法实现双速控制要求，而且会在 YY 形运转时造成电源短路事故。

（3）热继电器 FR1、FR2 的整定电流及其在主电路中的接线不要搞错。

知识拓展

几种常见的双速异步电动机控制线路

如图 6-1-6 所示是几种常见的双速异步电动机控制线路，有兴趣的读者请自行分析其工作原理。

图 6-1-6　几种常见的双速异步电动机控制线路

图 6-1-6　几种常见的双速异步电动机控制线路（续）

任务 2　三速异步电动机控制电路的安装与检修

知识目标：

1. 正确理解三速异步电动机控制电路的工作原理。
2. 能正确识读三速异步电动机控制电路的原理图、接线图和布置图。

能力目标：

1. 会按照工艺要求正确安装三速异步电动机控制电路。
2. 能根据故障现象，检修三速异步电动机控制电路。

素质目标：

养成独立思考和动手操作的习惯，培养小组协调能力和互相学习的精神。

工作任务

如图 6-2-1 所示为时间继电器控制三速异步电动机控制电路。本次任务的主要内容是：完成对时间继电器控制三速异步电动机控制电路的安装与检修。

图 6-2-1　时间继电器控制三速异步电动机控制电路

相关知识

一、三速异步电动机定子绕组的连接

三速异步电动机有两套定子绕组，分两层安放在定子槽内，第一套绕组（双速）有七个出线端 U1、V1、W1、U3、U2、V2、W2，可作△或YY连接；第二套绕组（单速）有三个出线端 U4、V4、W4，只作Y形连接，如图 6-2-1(a)所示。当分别改变两套定子绕组的连接方式（即改变磁极对数）时，电动机就可以得到三种不同的转速。

三速异步电动机定子绕组的接线方法如图 6-2-1(b)、(c)、(d)所示和见表 6-2-1。图中，W1 和 U3 出线端分开的目的是当电动机定子绕组接成Y形中速运转时，避免在△形接法的定子绕组中产生感应电流。

(a) 三速电动机的两套定子绕组 (b) 低速—△接法

(c) 中速—Y接法 (d) 高速—YY接法

图 6-2-2　三速异步电动机定子绕组接线图

表 6-2-1　三速异步电动机定子绕组接法

转速	电源接线			并头	连接方式
	L1	L2	L3		
低速	U1	V1	W1	U3、W1	△
中速	U4	V4	W4	—	Y
高速	U2	V2	W2	U1、V1、W1、U3	YY

二、三速异步电动机控制线路

1．接触器控制三速异步电动机控制线路

用按钮和接触器控制三速异步电动机的线路如图 6-2-3 所示。其中 SB1、KM1 控制电动机△形接法下低速运转；SB2、KM2 控制电动机Y形接法下中速运转；SB3、KM3 控制电动机YY形接法下高速运转。

图 6-2-3　接触器控制三速电动机线路

线路的工作原理如下：首先合上电源开关 QF。

1）△形低速启动运转

按下 SB1→KM1 线圈得电→KM1 触头动作→电动机 M 第一套定子绕组出线端 U1、V1、W1（U3 通过 KM1 常开触头与 W1 并接）与三相电源接通→电动机 M 接成△形低速启动运转。

2）低速转中速运转控制

先按下停止按钮 SB4→KM1 线圈失电→KM1 触头复位→电动机 M 失电→再按下 SB2→KM2 线圈得电→KM2 触头动作→电动机 M 第二套定子绕组出线端 U4、V4、W4 与三相电源接通→电动机 M 接成Y形中速运转。

3）中速转高速运转控制

先按下停止按钮 SB4→KM2 线圈失电→KM2 触头复位→电动机 M 失电→再按下 SB3→KM3 线圈得电→KM3 触头动作→电动机 M 第一套定子绕组出线端 U2、V2、W2 与三相电源接通（U1、V1、W1、U3 则通过 KM3 的三对常开触头并接）电动机 M 接成YY形高速运转。

该线路的缺点是在进行速度转换时，必须先按下停止按钮 SB4 后，才能再按下相应的启动按钮变速，所以操作不方便。

2．时间继电器控制三速异步电动机控制线路

1）电路组成

用时间继电器控制三速电动机的电路图如图 6-2-1 所示。其中 SB1、KM1 控制电动机△接法下低速启动运转；SB2、KT1、KM2 控制电动机从△接法下低速启动到Y接法下中速运转的自动变换；SB3、KT1、KT2、KM3 控制电动机从△接法下低速启动到Y中速过渡到YY接法下高速运转的自动变换。

2）线路工作原理

线路的工作原理如下：首先合上电源开关 QF。

（1）△形低速启动运转：

（2）△形低速启动Y中速运转：

（3）△形低速启动Y形中速运转过渡YY形高速运转：

（4）停止控制：按下 SB4 即可完成停止控制。

任务准备

实施本任务教学所使用的实训设备及工具材料可参考表 6-2-2。

表 6-2-2　实训设备及工具材料

序 号	名　　称	型 号 规 格	单 位	数 量	备 注
1	电工常用工具		套	1	
2	万用表	MF47 型	块	1	
3	三相四线电源	AC3×380/220 V、20 A	处	1	
4	三速异步电动机	YD160M-8/6/4；或自定	台	1	
5	配线板	500 mm×600 mm×20 mm	块	1	
6	组合开关	HZ10-25/3	只	1	
7	接触器	CJ10-20，线圈电压 380V，20 A	个	4	
8	熔断器 FU1	RL1-60/25，380V，60A，熔体配 25A	套	3	
9	熔断器 FU2	RL1-15/2，380V，15A，熔体配 2A	套	2	
10	热继电器	JR16-20/3，三极，20A	只	3	
11	按钮	LA10-3H	只	2	
12	时间继电器	JS7-4A	只	2	
13	木螺钉	$\phi3×20$ mm；$\phi3×15$ mm	个	30	
14	平垫圈	$\phi4$ mm	个	30	
15	圆珠笔	自定	支	1	
16	主电路导线	BVR-1.5，1.5mm^2（7×0.52mm）（黑色）	m	若干	
17	控制电路导线	BVR-1.0，1.0mm^2（7×0.43mm）	m	若干	
18	按钮线	BVR-0.75，0.75mm^2	m	若干	
19	接地线	BVR-1.5，1.5 mm^2（黄绿双色）	m	若干	
20	行线槽	18mm×25mm	m	若干	
21	编码套管	自定	m	若干	

任务实施

一、时间继电器控制三速电动机控制线路的安装与检修

1. 绘制元件布置图和接线图

根据如图 6-2-1 所示时间继电器控制三速电动机控制线路原理图，请读者自行绘制其元件布置图和实物接线图，在此不再赘述。

2．元器件规格、质量检查

（1）根据表 6-2-2 中的元件明细表，检查其各元器件、耗材与表中的型号与规格是否一致。

（2）检查各元器件的外观是否完整无损，附件、备件是否齐全。

（3）用仪表检查各元器件和电动机的有关技术数据是否符合要求。

3．根据元件布置图安装和固定低压电器元件

当元器件检查完毕后，按照所绘制的元件布置图安装和固定电器元件。

4．根据电气原理图和安装接线图进行行线槽配线

当元件安装完毕后，按照如图 6-2-1 所示的原理图和安装接线图进行板前行线槽配线。

5．电动机的连接

按照电动机铭牌上的接线方法，正确连接接线端子。接线时，要看清电动机出线端的标记，掌握其接线要点：△形低速时，U1、V1、W1 经 KM1 接电源，W1、U3 并接；Y 形中速时，U4、V4、W4 经 KM2 接电源，W1、U3 必须断开，空着不接；YY 形高速时，U2、V2、W2 经 KM3 接电源，U1、V1、W1、U3 并接，最后连接电动机的保护接地线。

6．自检

当线路安装完毕后，在通电试车前必须经过自检，并经指导教师确认无误后方可通电试车。自检的方法及步骤请读者自行分析，在此不再赘述。

二、时间继电器控制三速电动机控制线路的故障现象、分析及维修

1．主电路的故障检修

主电路的故障现象和检修方法与前面任务中主电路的故障现象和检修方法相同，在此不再赘述，读者可自行分析。

2．控制电路的故障检修

运用前面任务所学的方法自行分析及维修时间继电器控制三速电动机控制线路的故障。在此仅就部分故障进行分析，见表 6-2-3。

表 6-2-3　电路故障的现象、原因及检查方法

故 障 现 象	原 因 分 析	检 查 方 法
电动机低速、中速、高速都不能启动	（1）按下 SB1 或 SB2 或 SB3 后，KM1 、KM2、KM3、KM4 均不动作，可能的故障点在电源电路及 FU2、FR1、FR2、FR3、SB4 和 1、2、3、4、5 号导线 （2）按下 SB1 或 SB2 或 SB3 后，KM1 、KM2、KM3、KM4 均动作，可能的故障点在 FU1	（1）用测电笔检查电源电路中 QF 的上下接线桩是否有电，若没有电，故障在电源 （2）用测电笔检查 FU2 和 FR1、FR2、FR3、SB4 常闭触头的上下接线端是否有电，故障点在有电与无电之间 （3）用测电笔检查 FU1 的上下接线端是否有电
电动机低速、中速启动正常，但高速不启动	电动机低速、中速启动正常，但按下 SB3 后电动机不启动，故障点可能在以下电路：SB3 常闭触头、KM1 、KM2 常闭触头接触不良；KM3、KM4 线圈损坏断路；5、14、15、16、0 导线出现断路	首先用测电笔检测 SB3 上接线桩是否有电，若无电，则为 5 号导线断路；若有电，则断开电源，按下 SB3，用万用表的电阻挡，一表笔固定在 SB3 的下接线端，另一表笔测量 14、15、16、0 各点，电阻较大的就是故障点

检查评议

对任务实施的完成情况进行检查，并将结果填入表 6-2-4。

表 6-2-4　任务测评表

序号	主 要 内 容	考 核 要 求	评 分 标 准	配分	扣分	得分
1	线 路 安 装 检修	根据任务，按照电动机基本控制线路的安装步骤和工艺要求，进行线路的安装与检修	1. 按图接线，不按图接线扣 10 分 2. 元件安装正确、整齐、牢固，否则一个扣 2 分 3. 行线槽整齐美观、横平竖直、高低平齐，转角 90°，否则每处扣 2 分 4. 线头长短合适，线耳方向正确，无松动，否则每处扣 1 分 5. 配线齐全，否则一根扣 5 分 6. 编码套管安装正确，否则每处扣 1 分 7. 通电试车功能齐全，否则扣 40 分	60		
2	线 路 故 障 检修	人为设置隐蔽故障 3 个，根据故障现象，正确分析故障原因及故障范围，采用正确的检修方法，排除线路故障	1. 不能根据故障现象画出故障最小范围扣 10 分 2. 检修方法错误扣 5～10 分 3. 故障排除后，未能在线路图中用"×"标出故障点，扣 10 分 4. 故障排除完全。只能排除 1 个故障扣 20 分，3 个故障都未能排除扣 30 分	30		
3	安 全 文 明 生产	劳动保护用品穿戴整齐；电工工具佩带齐全；遵守操作规程；尊重老师，讲文明礼貌；考试结束要清理现场	1. 操作中，违反安全文明生产考核要求的任何一项扣 2 分，扣完为止 2. 当发现学生有重大事故隐患时，要立即予以制止，并每次扣安全文明生产总分 5 分	10		
合 计						
开始时间：			结束时间：			

操作提示

（1）主电路接线时，要看清电动机出线端的标记，掌握其接线要点：△形低速时，U1、V1、W1 经 KM1 接电源，W1、U3 并接；Y形中速时，U4、V4、W4 经 KM2 接电源，W1、U3 必须断开，空着不接；YY形高速时，U2、V2、W2 经 KM3 接电源，U1、V1、W1、U3 并接。接线要细心，保证正确无误。

（2）热继电器 FR1、FR2、FR3 的整定电流在三种转速下是不同的，调整时不要搞错。

（3）通电试车前，要复验一下电动机的接线是否正确，并测试绝缘电阻是否符合要求。

项目测试题

一、选择题（请将正确的答案序号填入括号内）

1. 三相异步电动机的调速方法有（　　）种。

　　A. 2　　　　　　　B. 3　　　　　　　C. 4　　　　　　　D. 5

2．采用△/YY连接三相变极调速时，调速前后电动机的（　　）基本不变。

    A．输出转矩　　　　B．输出转速　　　　C．输出功率　　　　D．磁极对数

3．采用Y/YY连接三相变极调速时，调速前后电动机的（　　）基本不变。

    A．输出转矩　　　　B．输出转速　　　　C．输出功率　　　　D．磁极对数

4．三相异步电动机变极调速的方法一般只适用于（　　）。

    A．笼型异步电动机　　　　　　　　B．绕线式异步电动机

    C．同步电动机　　　　　　　　　　D．转差率电动机

5．定子绕组作△连接的4极电动机，接成YY连接后，磁极对数为（　　）。

    A．1　　　　　　　B．2　　　　　　　C．3　　　　　　　D．4

6．三速异步电动机有两套定子绕组，第一套双速绕组可作（　　）连接；第二套绕组只作Y连接。

    A．Y连接　　　　　B．△连接　　　　　C．YY连接　　　　　D．△或YY连接

7．三速异步电动机定子绕组有（　　）出线端。

    A．3　　　　　　　B．6　　　　　　　C．9　　　　　　　D．11

二、判断题（正确的打"√"，错误的打"×"）

1．三相异步电动机的变极调速属于无级调速。　　　　　　　　　　　　　　（　　）

2．改变三相异步电动机磁极对数的调速称为变极调速。　　　　　　　　　　（　　）

3．双速电动机定子绕组从一种连接方式改变为另一种连接方式时，必须把电源相序反接，以保证电动机的旋转方向不变。　　　　　　　　　　　　　　　　　　　　（　　）

4．双速电动机控制电路中，按下高速启动按钮，可以不经过低速启动而直接进入高速启动运转。　　　　　　　　　　　　　　　　　　　　　　　　　　　　　　（　　）

三、简答题

1．三相异步电动机的调速方法有哪三种？笼型异步电动机的变极调速是如何实现的？

2．双速电动机定子绕组共有几个出线端？分别画出双速电动机在低、高速时定子绕组的接线图。

3．三速异步电动机有几套绕组？定子绕组共有几个出线端？分别画出三速异步电动机在低、中、高速时定子绕组的接线图。

四、线路设计

现有一台双速异步电动机，试按下述要求设计控制线路：

（1）分别用两个按钮操作电动机的高速启动与低速启动，用一个总停止按钮操作电动机的停止。

（2）启动高速时，应先接成低速，然后经延时后再换接到高速。

（3）有短路保护和过载保护。

项目 7 三相绕线式异步电动机

控制电路的安装与检修

前面任务介绍的笼型异步电动机的减压启动控制线路，由于启动转矩大为降低，减压启动需要在空载或轻载下启动。在生产实际中对要求启动转矩较大、且能平滑调速的场合，常常采用三相绕线转子异步电动机。绕线转子异步电动机的优点是可以通过滑环在转子绕组中串接电阻来改善电动机的机械特性。从而达到减小启动电流、增大启动转矩以及平滑调速之目的。本模块将介绍绕线转子异步电动机转子回路串电阻启动控制电路、转子绕组串联频敏变阻器控制电路和凸轮控制器控制转子绕组串电阻控制电路。

 任务 1 转子回路串电阻启动控制电路的安装与检修

知识目标：

1. 熟悉电流继电器的功能、基本结构、工作原理及型号含义。
2. 正确理解三相绕线式异步电动机转子回路串电阻启动控制线路的工作原理。
3. 能正确识读转子回路串电阻启动控制线路的原理图、接线图和布置图。

能力目标：

1. 会时间继电器的选用与简单检修。
2. 会按照工艺要求正确安装转子回路串电阻启动控制线路。
3. 能根据故障现象，检修转子回路串电阻启动控制线路。

素质目标：

养成独立思考和动手操作的习惯，培养小组协调能力和互相学习的精神。

 工作任务

三相绕线式异步电动机时间继电器自动控制转子回路串电阻启动控制电路如图 7-1-1 所示。本次任务的主要内容是：完成对电流继电器自动控制转子回路串电阻启动控制电路的安装与检修。

图 7-1-1 电流继电器自动控制转子回路串电阻启动控制电路

相关知识

一、转子回路串接电阻启动的原理

启动时，在转子回路串入作Y形连接、分级切换的三相启动电阻器，以减小启动电流、增加启动转矩。随着电动机转速的升高，逐级减小可变电阻。启动完毕后，切除可变电阻器，转子绕组被直接短接，电动机便在额定状态下运行。

电动机转子绕组中串接的外加电阻在每段切除前和切除后，三相电阻始终是对称的，称为三相对称电阻器，如图 7-1-2(a)所示。启动过程依次切除 R1、R2、R3，最后全部电阻被切除。

二、电流继电器

反映输入量为电流的继电器叫做电流继电器。如图 7-1-3(a)、7-1-3(b)所示是常见的 JT4 系列和 JL14 系列电流继电器。使用时，电流继电器的线圈串联在被测电路中，当通过线圈的电流达到预定值时，其触头动作。为了降低串入电流继电器线圈后对原电路工作状态的影响，电流继电器线圈的匝数少，导线粗，阻抗小。

(a) 转子串接三相　　(b) 转子串接三相
对称电阻器　　　　不对称电阻器

图 7-1-2 时间继电器

电流继电器分为过电流继电器和欠电流继电器两种。电流继电器在电路图中的符号如图 7-1-3(c)所示。

(a) JT4 系列交直流电流继电器

(b) JL14 系列交直流电流继电器

(c) 图形符号

图 7-1-3 电流继电器

1．过电流继电器

当通过继电器的电流超过预定值时就动作的继电器称为过电流继电器。过电流继电器的吸合电流为 1.1～4 倍的额定电流，也就是说，在电路正常工作时，过电流继电器线圈通过额定电流时是不吸合的；当电路中发生短路或过载故障，通过线圈的电流达到或超过预定值时，铁芯和衔铁才吸合，带动触头动作。

常用的过电流继电器有 JT4、JL5、JL12 及 JL14 等系列，广泛用于直流电动机或绕线转子电动机的控制电路中，用于频繁及重载启动的场合，作为电动机和主电路的过载或短路保护。

2．欠电流继电器

当通过继电器的电流减小到低于其整定值时就动作的继电器称为欠电流继电器。欠电流继电器的吸引电流一般为线圈额定电流的 0.3～0.65 倍，释放电流为额定电流的 0.1～0.2 倍。因此，在电路正常工作时，欠电流继电器的衔铁与铁芯始终是吸合的。只有当电流降至低于整定值时，欠电流继电器释放，发出信号，从而改变电路的状态。

常用的欠电流继电器有 JL14–□□ZQ 等系列产品，常用于直流电动机和电磁吸盘电路中作弱磁保护。

3．型号含义及技术数据

常用 JT4 系列交流通用继电器和 JL14 系列交直流通用电流继电器的型号及含义如下。

JT4 系列为交流通用继电器，在这种继电器的磁系统上装设不同的线圈，便可制成过电流、欠电流、过电压或欠电压等继电器。JT4 系列交流通用继电器的技术数据见表 7-1-1。

表 7-1-1   JT4 系列为交流通用继电器的主要技术参数

型号	可调参数调整范围	标称误差	返回系数	接点数量	吸引线圈 额定电压（或电流）	吸引线圈 消耗功率	复位方式	机械寿命（万次）	电寿命（万次）	质量（kg）
JT4-□□A 过电压继电器	吸合电压（1.05～1.20）U_N	±10%	0.1～0.3	1 常开 1 常闭	110、220、380V	75W	自动	1.5	1.5	2.1
JT4-□□P 零电压（或中间）继电器	吸合电压（0.60～0.85）U_N 或释放电压（0.10～0.35）U_N		0.2～0.4	1 常开 1 常闭 或 2 常开 或 2 常闭	110、127、220、380V			100	10	1.8
JT4-□□L 过电流继电器 JT4-□□S 手动过电流继电器	吸合电流（1.10～3.50）I_N		0.1～0.3		5、10、15、20、40、80、150、300、600A	5W	手动	1.5	1.5	1.7

JL14 系列交直流通用电流继电器，可取代 JT4–L 和 JT4–S 系列，其技术数据见表 7-1-2。

表 7-1-2   JL14 系列交直流通用电流继电器的主要技术参数

电流种类	型号	吸引线圈额定电流 I_N（A）	吸合电流调整范围	触头组合形式 常开	触头组合形式 常闭	备注
直流	JLI4-□□Z	1、1.5、2.5、10、15、25、40、60、100、150、300、500、1200、1500	（0.70～3.00）I_N	3	3	
	JLI4-□□ZS		（0.30～0.65）I_N 或释放电流在（0.10～0.20）I_N 范围调整	2	1	手动复位
	JLI4-□□ZQ			1	2	欠电流
交流	JLI4-□□J		（0.10～4.00）I_N	1	1	
	JLI4-□□JS			2	2	手动复位
	JLI4-□□JG			1	1	返回系数大于 0.65

4．电流继电器的选用

（1）电流继电器的额定电流一般可按电动机长期工作的额定电流来选择。对于频繁启动的电动机，额定电流可选大一个等级。

（2）电流继电器的触头种类、数量、额定电流及复位方式应满足控制线路的要求。

（3）过电流继电器的整定电流一般取电动机额定电流的 1.7～2 倍，频繁启动的场合可取电动机额定电流的 2.25～2.5 倍。欠电流继电器的整定电流一般取额定电流的 0.10～0.20 倍。

5. 电流继电器的安装与使用

（1）安装前应检查继电器的额定电流和整定电流值是否符合实际使用要求；继电器的动作部分是否动作灵活、可靠。外罩及壳体是否有损怀或缺件等情况。

（2）安装后应在触头不通电的情况下，使吸引线圈通电操作几次，看继电器动作是否可靠。

（3）定期检查继电器各零部件是否有松动及损坏现象，并保持触头的清洁。

三、转子回路串电阻启动控制线路

1. 按钮操作转子回路串电阻控制线路

按钮操作转子绕组串电阻启动控制线路如图 7-1-4 所示。线路的工作原理较简单，读者可自行分析。该线路的缺点是操作不便，工作的安全性和可靠性较差，所以在生产实际中常采用时间继电器自动控制的线路。

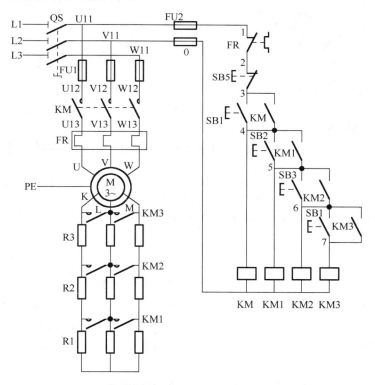

图 7-1-4　按钮操作转子绕组串电阻启动控制线路

2. 时间继电器自动控制转子回路串电阻启动控制线路

时间继电器自动控制转子回路串电阻控制线路如图 7-1-5 所示。该线路利用三个时间继电器 KT1、KT2、KT3 和三个接触器 KM1、KM2、KM3 的相互配合来依次自动切除转子绕组中的三级电阻。

图 7-1-5　时间继电器自动控制转子回路串电阻启动控制线路

线路的工作原理如下：合上电源开关 QS。

　　为保证电动机只有在转子绕组串入全部外加电阻的条件下才能启动，将接触器 KM1、KM2、KM3 的辅助常闭触头与启动按钮 SB1 串接，这样，如果接触器 KM1、KM2、KM3 中的任何一个因触头熔焊或机械故障而不能正常释放时，即使按下启动按钮 SB1，控制电路也不会得电，电动机就不会接通电源启动运转。

停止时，只需按下 SB2 即可。

3．电流继电器自动控制转子回路串电阻启动控制线路

绕线转子异步电动机刚启动时转子电流较大，随着电动机转速的增大，转子电流逐渐减小，根据这一特性，可以利用电流继电器自动控制接触器来逐级切除转子回路的电阻。

1）线路组成

电流继电器自动控制线路如图 7-1-1 所示。三个过电流继电器 KA1、KA2 和 KA3 的线圈串接在转子回路中，它们的吸合电流都一样，但释放电流不同，KA1 最大，KA2 次之，KA3 最小，从而能根据转子电流的变化，控制接触器 KM1、KM2、KM3 依次动作，逐级切除启动电阻。

2）工作原理

线路的工作原理如下：合上电源开关 QS。

由于电动机 M 启动时转子电流较大，三个过电流继电器 KA1、KA2 和 KA3 均吸合，它们接在控制电路中的常闭触头均断开，使接触器 KM1、KM2、KM3 的线圈都不能得电，接在转子电路中的常开触头都处于断开状态，启动电阻被全部串接在转子绕组中。随着电动机转速的升高，转子电流逐渐减小，当减小至 KA1 的释放电流时，KA1 首先释放，KA1 的常闭触头恢复闭合，接触器 KM1 得电，主触头闭合，切除第一组电阻 R1。当 R1 被切除后，转子电流重新增大，但随着电动机转速的继续升高，转子电流又会减小，待减小至 KA2 的释放电流时，KA2 释放，接触器 KM2 动作，切除第二组电阻 R2，如此继续下去，直至全部电阻被切除，电动机启动完毕，进入正常运转状态。

中间继电器 KA 的作用是保证电动机在转子电路中接入全部电阻的情况下开始启动。因为电动机开始启动时，转子电流从零增大到最大值需要一定的时间，这样有可能出现电流继电器 KA1、KA2 和 KA3 还未动作，接触器 KM1、KM2、KM3 就已经吸合而把电阻 R1、R2、R3 短接，造成电动机直接启动。接入 KA 后，启动时由 KA 的常开触头断开 KM1、KM2、KM3 线圈的通电回路，保证了启动时转子回路串入全部电阻。

任务准备

实施本任务教学所使用的实训设备及工具材料可参考表 7-1-3。

表 7-1-3　实训设备及工具材料

序号	名　称	型号规格	单位	数量	备注
1	电工常用工具		套	1	
2	万用表	MF47 型	块	1	
3	三相四线电源	AC3×380/220V、20 A	处	1	
4	绕线式异步电动机	YZR-132MA-6、2.2kW、380V、6A/11.2A、980r/min	台	1	

序号	名　称	型号规格	单位	数量	备注
5	配线板	500mm×600mm×20mm	块	1	
6	组合开关	HZ10-25/3	只	1	
7	接触器	CJ10-20，线圈电压380V，20 A	个	3	
8	熔断器 FU1	RL1-60/25，380V，60A，熔体配25A	套	3	
9	熔断器 FU2	RL1-15/2，380V，15A，熔体配2A	套	2	
10	热继电器	JR16-20/3，三极，20A	只	1	
11	按钮	LA10-3H 或 LA4-3H	只	3	
12	电流继电器	JL14-11J，线圈额定电流10A、电压380V	只	3	
13	电阻器	2K1-12-6/1	只	3	
14	木螺钉	$\phi3×20mm$；$\phi3×15mm$	个	30	
15	平垫圈	$\phi4mm$	个	30	
16	圆珠笔	自定	支	1	
17	主电路导线	BVR-1.5，$1.5mm^2$（7×0.52mm）（黑色）	m	若干	
18	控制电路导线	BVR-1.0，$1.0mm^2$（7×0.43mm）	m	若干	
19	按钮线	BVR-0.75，$0.75mm^2$	m	若干	
20	接地线	BVR-1.5，$1.5mm^2$（黄绿双色）	m	若干	
21	行线槽	18mm×25mm	m	若干	
22	编码套管	自定	m	若干	

 任务实施

一、电流继电器自动控制转子回路串电阻启动控制线路的安装与检修

1．绘制元件布置图和接线图

电流继电器自动控制转子回路串电阻启动控制线路的元件布置图和实物接线图请读者自行绘制，在此不再赘述。

2．元器件规格、质量检查

（1）根据表7-1-3中的元件明细表，检查其各元器件、耗材与表中的型号与规格是否一致。
（2）检查各元器件的外观是否完整无损，附件、备件是否齐全。
（3）用仪表检查各元器件和电动机的有关技术数据是否符合要求。

3．根据元件布置图安装和固定低压电器元件

当元器件检查完毕后，按照所绘制的元件布置图安装和固定电器元件。

4．根据电气原理图和安装接线图进行行线槽配线

当元件安装完毕后，按照如图7-1-1所示的原理图和安装接线图进行板前行线槽配线。

5．电动机的连接

按照电动机铭牌上的接线方法，正确连接接线端子，然后将电动机定子绕组的电源引入线接到接线端子的 U、V、W 的端子上，将启动电阻器串接在转子绕组 K、L、M 的端子上，最后连接电动机的保护接地线。

6．自检

当线路安装完毕后，在通电试车前必须经过自检，并经指导教师确认无误后方可通电试车。自检的方法及步骤具体如下。

首先将万用表的选择开关拨到电阻挡（R×1 挡），并进行校零。断开电源开关 QF，并摘下接触器灭弧罩。

1）主电路的检测

（1）将万用表笔跨接在 QS 下端子 U11 和端子排 U1 处，应测得断路，按下 KM 的触头架，万用表显示通路，重复 V11-V1 和 W11-W1 之间的检测。

（2）将万用表笔跨接在 QS 下端子 U11 和端子排 V11 处，应测得断路，按下 KM 的触头架，万用表显示通路；将万用表笔跨接转子换相器的任意两相上，再逐一按下 KA1、KA2 和 KA3 的触头架，万用表显示的阻值在逐渐减少。重复另外两相之间的检测。

2）控制电路的检测

（1）将万用表笔跨接在 U11 和 V11 之间，应测得断路；按下 SB1 不放，应测 KM 的线圈电阻。

（2）将万用表笔跨接在 U11 和 V11 之间，应测得断路；按下 SB2 不放，同时按下 KM 的触头架，应测 KA 的线圈电阻。

（3）将万用表笔跨接在 U11 和 V11 之间，应测得断路；按下 KA 的触头架，应测 KM1、KM2 和 KM3 的线圈电阻并联值。依次再按下 KA1 的触头架，应测得断路；按下 KA2 的触头架，应测得 KM1 线圈电阻；按下 KA3 的触头架，应测得 KM1 和 KM2 的线圈电阻并联值。

7．通电试车

学生通过自检和教师确认无误后，在教师的监护下进行通电试车。

二、电流继电器自动控制转子回路串电阻启动控制线路的故障现象、分析及维修

1．主电路的故障检修

电流继电器自动控制转子回路串电阻启动控制线路主电路的故障现象和检修方法与前面任务中主电路的故障现象和检修方法相似，在此不再赘述，读者可自行分析。

2．控制电路的故障检修

电流继电器自动控制转子回路串电阻启动控制线路控制电路的常见故障现象和检修方法与前面任务的检修方法相似，在此不再赘述，读者可自行分析。在此仅就部分故障进行分析，见表 7-1-4。

表 7-1-4　故障现象、分析及检修方法

故障现象	故障原因	检修方法
启动电阻过热	全部电阻过热： (1) KA 故障或 KM 的常开触头接触不良 (2) KA1 故障或 KA1 的常闭触头故障 (3) KM3 的常开触头接触不良 (4) 电流继电器 KA1、KA2 或 KA3 故障	(1) 按下 SB1 后，观察 KA 是否动作，若 KA 没有动作，则 KA 线圈故障或 KM 常开触头故障。若 KA 有动作，则用验电笔检查 KA 的常开触头的下端头是否有电，有电正常，无电则 KA 的常开触头故障 (2) KA1 动作后，用验电笔检查 KA1 的常开触头的下端头是否有电，有电正常，无电则 KA1 的常开触头故障 (3) 断开电源，按下 KM3 的触头架，用电阻法检查 KM3 的常开触头接触是否良好 (4) 启动过程中观察电流继电器 KA1、KA2 或 KA3 是否动作
	电阻 R1 或 R2 过热： (1) KA 故障或 KM 的常开触头接触不良 (2) KA1 故障或 KA1 的常闭触头故障 (3) KM3 的常开触头接触不良 (4) 电流继电器 KA1、KA2 或 KA3 故障	(1) 检查 KA1 或 KA2 的整定值 (2) 检查 KM1 或 KM2 的主触头 (3) 检查 R1 或 R2 电阻与接线或电阻片间的连接情况
电动机启动时只有瞬间转动就停车	(1) 接触器 KM 的自锁触头接触不良 (2) 热继电器电流整定得过小，经受不了启动电流的冲击而将其本身的常闭触头跳开 (3) 启动时电压波动过大，使接触器欠压而释放。这种现象多出现在电源线很长情况。由于启动时启动电流较大，本来已使电路压降较大，加之外电网电压波动或太低，很容易出现这种故障	(1) 用验电笔或电压表检查 KM 的自锁触头的接触是否良好 (2) 检查热继电器电流整定值是否符合要求 (3) 用电压表检查启动时的电压波动情况

　检查评议

对任务实施的完成情况进行检查，并将结果填入表 7-1-5。

表 7-1-5　任务测评表

序 号	主要内容	考 核 要 求	评 分 标 准	配分	扣分	得分
1	线路安装检修	根据任务，按照电动机基本控制线路的安装步骤和工艺要求，进行线路的安装与检修	1. 按图接线，不按图接线扣 10 分 2. 元件安装正确、整齐、牢固，否则一个扣 2 分 3. 行线槽整齐美观，横平竖直、高低平齐，转角 90°，否则每处扣 2 分 4. 线头长短合适，线耳方向正确，无松动，否则每处扣 1 分 5. 配线齐全，否则一根扣 5 分 6. 编码套管安装正确，否则每处扣 1 分 7. 通电试车功能齐全，否则扣 40 分	60		
2	线路故障检修	人为设置隐蔽故障 3 个，根据故障现象，正确分析故障原因及故障范围，采用正确的检修方法，排除线路故障	1. 不能根据故障现象画出故障最小范围扣 10 分 2. 检修方法错误扣 5～10 分 3. 故障排除后，未能在线路图中用"×"标出故障点，扣 10 分 4. 故障排除完全。只能排除 1 个故障扣 20 分，3 个故障都未能排除扣 30 分	30		
3	安全文明生产	劳动保护用品穿戴整齐；电工工具佩带齐全；遵守操作规程；尊重老师，讲文明礼貌；考试结束要清理现场	1. 操作中，违反安全文明生产考核要求的任何一项扣 2 分，扣完为止 2. 当发现学生有重大事故隐患时，要立即予以制止，并每次扣安全文明生产总分 5 分	10		
合 计						
开始时间：			结束时间：			

知识拓展

转子回路串电阻正反转减压启动控制线路简介

常见的两种转子回路串电阻正反转减压启动控制线路如图 7-1-6 所示。读者有兴趣可自行分析其工作原理。

(a) 手动控制

(b) 时间继电器自动控制

图 7-1-6 转子回路串电阻正反转减压启动控制线路

任务2 转子绕组串联频敏变阻器控制电路的安装与检修

知识目标：

1. 熟悉频敏变阻器的功能、基本结构、工作原理及型号含义。

2. 正确理解转子绕组串联频敏变阻器控制电路的工作原理。

3. 能正确识读转子绕组串联频敏变阻器控制电路的原理图、接线图和布置图。

能力目标：

1. 会按照工艺要求正确安装转子绕组串联频敏变阻器控制电路。

2. 能根据故障现象，检修转子绕组串联频敏变阻器控制电路。

素质目标：

养成独立思考和动手操作的习惯，培养小组协调能力和互相学习的精神。

 工作任务

前面任务介绍的转子绕组串电阻启动，要想获得良好的启动性能，一般需要将启动电阻分为多级，这样所用的电器较多，控制电路复杂，设备投资大，维修不便，而且在逐级切除电阻器的过程中，会产生一定的机械冲击。在实际生产中对于不频繁启动的设备，一般采用在转子绕组中用频敏变阻器代替启动电阻，来控制绕线式异步电动机的启动。如图 7-2-1 所示为时间继电器自动控制转子绕组串联频敏变阻器控制线路。本次任务的主要内容是：完成对时间继电器自动控制转子绕组串联频敏变阻器控制线路的安装与检修。

图 7-2-1 时间继电器自动控制转子绕组串联频敏变阻器控制线路

相关知识

一、频敏变阻器

1. 外形、结构及符号

频敏变阻器是一种阻抗值随频率明显变化（敏感于频率）、静止的无触头电磁元件。频敏变阻器实质上是一个铁芯损非常大的三相电抗器，它实质上是一个由几块 30～50mm 厚的铸铁片或钢板叠成铁芯，外面再套上绕组的有意识地造成铁芯损耗非常大的三相电抗器。其结构类似于没有二次绕组的三相变压器。频敏变阻器是一种有独特结构的新型无触头元件。其外部结构与三相电抗器相似，即有三个铁芯柱和三个绕组组成，三个绕组接成星形，并通过滑环和电刷与绕线式电动机三相转子绕组相接。

常用的频敏变阻器有 BP1、BP2、BP3、BP4 和 BP6 等系列，如图 7-2-2(a)、(b)所示是 BP1 系列的外形和结构。频敏变阻器在电路图中的符号如图 7-2-2(c)所示。

(a) BP1 系列外形   (b) 结构   (c) 图形符号

图 7-2-2 频敏变阻器

频敏变阻器主要由铁芯和绕组两部分组成。它的上下铁芯用四根拉紧螺栓固定，拧开螺栓上的螺母，可以在上下铁芯之间增减非磁性垫片，以调整空气隙长度。出厂时上下铁芯间的空气隙为零。

频敏变阻器的绕组备有四个抽头，一个抽头在绕组背面，标号为 N；另外三个抽头在绕组的正面，标号分别为 1、2、3。抽头 1-N 之间为 100％匝数，2-N 之间为 85％匝数，3-N 之间为 71％匝数。出厂时三组线圈均接在 85％匝数抽头处，并接成Y形。

2. 工作原理

在电动机启动过程中，三相绕组通入电流后，由于铁芯是用厚钢板制成，交变磁通在铁芯中产生很大涡流，从而产生很大的铁芯损耗。在电动机刚启动的瞬间，转子电流的频率最高（等于电源的频率），频敏变阻器的等效阻抗最大，限制了电动机的启动电流；随着转子频率的改变，涡流集肤效应大小也在改变，频率高，流截面小，电阻增大；频率降低时，涡流截面自动加大，电阻减小，随着电动机转速的升高，转子电流的频率逐渐下降，频敏变阻器的等效阻值也逐渐减小。理论分析和实验证明，频敏变阻器铁芯等值电阻和电抗均近似地与转差率的平方成正比。由电磁感应产生的等效电抗和由铁芯损耗构成的等效电阻较大，限制了电动机的启动电流，增大启动转矩。随着电机转速的升高，转子电流的频率降低，等效电抗和等效电阻自动减小，从而达到自动变阻的目的，实现平滑无级启动，从而使电动机转速平稳地上升到额定转速。

3．频敏变阻器的选用

（1）根据电动机所拖动的生产机械的启动负载特性和操作频繁程度来选择其系列。频敏变阻器基本适用场合见表 7-2-1。

表 7-2-1　频敏变阻器的基本适用场合

负 载 特 性			轻 载	重 载
适用频敏变阻器系列	频繁程度	偶尔	BP1、BP2、BP4	BP 4G、BP6
		频繁	BP1、BP2、BP3	

（2）按电动机功率选择频敏变阻器的规格。在确定频敏变阻器的系列后，根据电动机的功率查有关技术手册，即可确定配用的频敏变阻器规格。

4．频敏变阻器的特点

频敏变阻器具有启动性能好，无电流和机械冲击，结构简单，价格低廉，使用维护方便等优点。但功率因数较低，启动转矩较小，不宜用于重载启动的场合。

二、转子绕组串联频敏变阻器启动控制线路

转子绕组串联频敏变阻器启动控制线路如图 7-2-1 所示，线路的工作原理如下。
首先合上电源开关 QS。

停止时，按下 SB2 即可。

任务准备

实施本任务教学所使用的实训设备及工具材料可参考表 7-2-2。

表 7-2-2 实训设备及工具材料

序号	名 称	型 号 规 格	单位	数量	备注
1	电工常用工具		套	1	
2	万用表	MF47 型	块	1	
3	三相四线电源	AC3×380/220 V、20 A	处	1	
4	三相绕线式异步电动机	YZR-132MA-6、2.2kW、380V、6A/11.2A、980r/min；或自定	台	1	
5	配线板	500mm×600mm×20mm	块	1	
6	组合开关	HZ10-25/3	只	1	
7	接触器	CJ10-20，线圈电压 380V，20 A	个	2	
8	熔断器 FU1	RL1-60/25，380V，60A，熔体配 25A	套	3	
9	熔断器 FU2	RL1-15/2，380V，15A，熔体配 2A	套	2	
10	热继电器	JR16-20/3，三极，20A	只	1	
11	按钮	LA10-2H	只	1	
12	时间继电器	JS20 或 JS7-4A	只	1	
13	频敏变阻器	BP1－004/10003	台	1	
14	木螺钉	$\phi3 \times 20mm$；$\phi3 \times 15mm$	个	30	
15	平垫圈	$\phi4$ mm	个	30	
16	圆珠笔	自定	支	1	
17	主电路导线	BVR-1.5，$1.5mm^2$（7×0.52mm）（黑色）	m	若干	
18	控制电路导线	BVR-1.0，$1.0mm^2$（7×0.43mm）	m	若干	
19	按钮线	BVR-0.75，$0.75mm^2$	m	若干	
20	接地线	BVR-1.5，$1.5 mm^2$（黄绿双色）	m	若干	
21	行线槽	18mm×25mm	m	若干	
22	编码套管	自定	m	若干	

 任务实施

一、转子绕组串联频敏变阻器启动控制线路的安装与检修

1．绘制元件布置图和接线图

根据如图 7-2-1 所示时间继电器自动控制转子绕组串联频敏变阻器控制线路原理图，请读者自行绘制其元件布置图和实物接线图，在此不再赘述。

2．元器件规格、质量检查

（1）根据表 7-2-2 中的元件明细表，检查其各元器件、耗材与表中的型号与规格是否一致。

（2）检查各元器件的外观是否完整无损，附件、备件是否齐全。

（3）用仪表检查各元器件和电动机的有关技术数据是否符合要求。

3．根据元件布置图安装和固定低压电器元件

当元器件检查完毕后，按照所绘制的元件布置图安装和固定电器元件。

4．根据电气原理图和安装接线图进行行线槽配线

当元件安装完毕后，按照如图 7-2-1 所示的原理图和安装接线图进行板前行线槽配线。

5．电动机的连接

按照电动机铭牌上的接线方法，正确连接接线端子，然后将电动机定子绕组的电源引入线接到接线端子的 U、V、W 的端子上，将频敏变阻器接到转子绕组的 K、L、M 端子上；最后连接电动机的保护接地线。

6．自检

当线路安装完毕后，在通电试车前必须经过自检，并经指导教师确认无误后方可通电试车。自检的方法及步骤请读者自行分析，在此不再赘述。

二、转子绕组串联频敏变阻器启动控制线路的故障现象、分析及维修

运用前面任务所学的方法自行分析及维修时间继电器自动控制转子绕组串联频敏变阻器控制线路的故障。在此仅就频敏变阻器的故障进行分析，见表 7-2-3。

表 7-2-3　电路故障的现象、原因及检查方法

故障现象	原因分析	检查方法
频敏变阻器温度过高	（1）电动机启动后，频敏变阻器没有被切除或时间继电器延时时间太长 （2）频敏变阻器线圈绝缘损坏或受机械损伤，匝间绝缘电阻和对地绝缘电阻变小	（1）检查时间继电器的延时时间及是否动作；若动作，则检查 KM2 是否动作；KM2 动作，则检查 KM2 常开触头的接触是否良好 （2）用兆欧表检查频敏变阻器线圈对地绝缘电阻和匝间绝缘电阻，其值应不小于 1MΩ

检查评议

对任务实施的完成情况进行检查，并将结果填入表 7-2-4。

表 7-2-4　任务测评表

序号	主要内容	考核要求	评分标准	配分	扣分	得分
1	线路安装检修	根据任务，按照电动机基本控制线路的安装步骤和工艺要求，进行线路的安装与检修	1．按图接线，不按图接线扣 10 分 2．元件安装正确、整齐、牢固，否则一个扣 2 分 3．行线槽整齐美观，横平竖直、高低平齐，转角 90°，否则每处扣 2 分 4．线头长短合适，线耳方向正确，无松动，否则每处扣 1 分 5．配线齐全，否则一根扣 5 分 6．编码套管安装正确，否则每处扣 1 分 7．通电试车功能齐全，否则扣 40 分	60		
2	线路故障检修	人为设置隐蔽故障 3 个，根据故障现象，正确分析故障原因及故障范围，采用正确的检修方法，排除线路故障	1．不能根据故障现象画出故障最小范围扣 10 分 2．检修方法错误扣 5～10 分 3．故障排除后，未能在线路图中用"×"标出故障点，扣 10 分 4．故障排除完全。只能排除 1 个故障扣 20 分，3 个故障都未能排除扣 30 分	30		
3	安全文明生产	劳动保护用品穿戴整齐；电工工具佩带齐全；遵守操作规程；尊重老师，讲文明礼貌；考试结束要清理现场	1．操作中，违反安全文明生产考核要求的任何一项扣 2 分，扣完为止 2．当发现学生有重大事故隐患时，要立即予以制止，并每次扣安全文明生产总分 5 分	10		
合　计						
开始时间：			结束时间：			

操作提示

　　在进行时间继电器自动控制转子绕组串联频敏变阻器控制线路的试车检修时，若发现电动机启动转矩或启动电流过大或过小，应按下述方法调整频敏变阻器的匝数和气隙：

　　（1）启动电流过大、启动过快时，应换接抽头，使匝数增加。增加匝数可使启动电流和启动转矩减小。

　　（2）启动电流和启动转矩过小、启动太慢时，应换接抽头，使匝数减少。匝数减少将使启动电流和启动转矩同时增大。

　　（3）如果刚启动时，启动转矩偏大，有机械冲击现象，而启动完毕后，稳定转速又偏低，这时可在上下铁芯间增加气隙。可拧开变阻器两面上的四个拉紧螺栓的螺母，在上下铁芯之间增加非磁性垫片。增加气隙将使启动电流略微增加，启动转矩稍有减小，但启动完毕时的转矩稍有增大，使稳定转速得以提高。

 知识拓展

转子绕组串联频敏变阻器正反转启动控制线路简介

　　常见的两种转子绕组串联频敏变阻器正反转启动控制线路如图 7-2-3 所示。读者有兴趣可自行分析其工作原理。

(a) 按钮、接触器手动控制

图 7-2-3　转子绕组串联频敏变阻器正反转启动控制线路

(b) 时间继电器自动控制

图 7-2-3　转子绕组串联频敏变阻器正反转启动控制线路（续）

任务 3　凸轮控制器控制转子绕组串电阻控制电路的安装与检修

知识目标：

1. 熟悉凸轮控制器的功能、基本结构、工作原理及型号含义。

2. 正确理解凸轮控制器控制转子绕组串电阻控制电路的工作原理。

3. 能正确识读凸轮控制器控制转子绕组串电阻控制电路的原理图、接线图和布置图。

能力目标：

1. 会按照工艺要求正确安装凸轮控制器控制转子绕组串电阻控制电路。

2. 能根据故障现象，检修凸轮控制器控制转子绕组串电阻控制电路。

素质目标：

养成独立思考和动手操作的习惯，培养小组协调能力和互相学习的精神。

 工作任务

中、小型容量的绕线式异步电动机的启动、调速及正反转控制，常常采用凸轮控制器来实现，以简化操作，如生产实际中的桥式起重机上大部分采用这种控制线路。如图 7-3-1 所示就是典型的绕线式异步电动机凸轮控制器控制线路图。本次任务的主要内容是：完成对绕线式异步电动机凸轮控制器控制线路的安装与检修。

(a) 电路图　　　　　　　　　　　　　　(b) 触头分合表

图 7-3-1　绕线式异步电动机凸轮控制器控制线路

一、凸轮控制器

1. 凸轮控制的功能

凸轮控制器是利用凸轮来操作动触头动作的控制器，主要用于控制容量不大于 30kW 的中小型绕线转子异步电动机的启动、调速和换向。常用的凸轮控制器有 KTJ1、KTJ15、KT10、KT14 及 KT15 等系列，如图 7-3-2 所示是 KT10、KT14 及 KT15 系列的外形图。

(a) KT10 系列

(b) KT14 系列

(c) KT15 系列

图 7-3-2　凸轮控制器

2．凸轮控制器的结构原理

1）结构

KTJ1 系列凸轮控制器的结构如图 7-3-3 所示。它主要由手轮（或手柄）、触头系统、转轴、凸轮和外壳等部分组成。其触头系统共有 12 对触头，9 对常开，3 对常闭。其中，4 对常开触头接在主电路中，用于控制电动机的正反转，配有石棉水泥制成的灭弧罩。其余 8 对触头用于控制电路中，不带灭弧罩。

(a) 外形　　　　　　　　　　　　　　(b) 结构

1—手轮；2、11—转轴；3—灭弧罩；4、7—动触头；5、6—静触头；8—触头弹簧；9—弹簧；10—滚轮；12—凸轮

图 7-3-3　KTJ1 型凸轮控制器

2）工作原理

凸轮控制器的动触头 7 与凸轮 12 固定在转轴 11 上，每个凸轮控制一个触头。当转动手轮 1 时，凸轮 12 随轴 11 转动，当凸轮的凸起部分顶住滚轮 10 时，动触头 7、静触头 6 分开；当凸轮的凹处与滚轮相碰时，动触头受到触头弹簧 8 的作用压在静触头上，动、静触头闭合。在方轴上叠装形状不同的凸轮片，可使各个触头按预定的顺序闭合或断开，从而实现不同的控制目的。

凸轮控制器的触头分合情况，通常用触头分合表来表示。KTJ1-50/1 型凸轮控制器的触头分合表如图 7-3-4 所示。图中的上面两行表示手轮的 11 个位置，左侧表示凸轮控制器的 12 对触头。各触头在手轮处于某一位置时的接通状态用符号"×"标记，无此符号表示触头是分断的。

图 7-3-4　KTJ1-50/1 型凸轮控制器的触头分合表

3．凸轮控制器的型号含义

凸轮控制器的型号及含义如下。

4．凸轮控制器的选用

凸轮控制器主要根据所控制电动机的容量、额定电压、额定电流、工作制和控制位置数目等来选择。KTJ1 系列凸轮控制器的技术数据见表 7-3-1。

表 7-3-1 KTJ1 系列凸轮控制器的主要技术数据

型号	位置数		额定电流/A		额定控制功率/kW		每小时操作次数不高于	质量/kg
	向前（上升）	向后（下降）	长期工作制	通电持续率在 40%以下的工作制	220V	380V		
KTJ1-50/1	5	5	50	75	16	16		28
KTJ1-50/2	5	5	50	75	*	*		26
KTJ1-50/3	1	1	50	75	11	11		28
KTJ1-50/4	5	5	50	75	11	11		23
KTJ1-50/5	5	5	50	75	2×11	2×11	600	28
KTJ1-50/6	5	5	50	75	11	11		32
KTJ1-80/1	6	6	80	120	22	30		38
KTJ1-80/3	6	6	80	120	22	30		38
KTJ1-150/1	7	7	150	225	60	100		-

注：* 表示无定子电路触头，其最大功率由定子电路中的接触器容量决定。

二、绕线式异步电动机凸轮控制器控制线路

1．电路组成

绕线转子异步电动机凸轮控制器控制线路如图 7-3-1(a)所示。图中组合开关 QS 作为电源引入开关；熔断器 FU1、FU2 分别作为主电路和控制电路的短路保护；接触器 KM 控制电动机电源的通断，同时起欠压和失压保护作用；行程开关 SQ1、SQ2 分别作电动机正反转时工作机构的限位保护；过电流继电器 KA1、KA2 作电动机的过载保护；R 是电阻器；凸轮控制器 AC 有 12 对触头，其分合状态如图 7-3-1(b)所示。其中最上面 4 对配有灭弧罩的常开触头 AC1～AC4 接在主电路中用于控制电动机正反转；中间 5 对常开触头 AC5～AC9 与转子电阻 R 相接，用来逐级切换电阻以控制电动机的启动和调速；最下面的 3 对常闭触头 AC10～AC12 用作零位保护。

2．线路控制原理

线路的工作原理如下：首先将凸轮控制器 AC 的手轮置于"0"位后，然后合上电源开关 QS，这时 AC 最下面的 3 对触头 AC10～AC12 闭合，为控制电路的接通作准备。按下 SB1，接触器 KM 得电自锁，为电动机的启动作准备。

1）正转控制

将凸轮控制器 AC 的手轮从"0"位转到正转"1"位置，这时触头 AC10 仍闭合，保持控制电路接通；触头 AC1、AC3 闭合，电动机 M 接通三相电源正转启动，此时由于 AC 的触头 AC5～AC9 均断开，转子绕组串接全部电阻 R 启动，所以启动电流较小，启动转矩也较小。如果电动机此时负载较重，则不能启动，但可起到消除传动齿轮间隙和拉紧钢丝绳的作用。

当 AC 手轮从正转"1"位转到"2"位时，触头 AC10、AC1、AC3 仍闭合，AC5 闭合，把电阻器 R 上的一级电阻短接切除，电动机转矩增加，正转加速。同理，当 AC 手轮依次转到正转"3"和"4"位置时，触头 AC10、AC1、AC3、AC5 仍闭合，AC6、AC7 先后闭合，把电阻器 R 上的两级电阻相继短接，电动机 M 继续加速正转。当手轮转到"5"位置时，AC5～AC9 五对触头全部闭合，转子回路电阻被全部切除，电动机启动完毕进入正常运转。

2）停止控制

停止时，将 AC 手轮扳回"0"位即可。

3）反转控制

当将 AC 手轮扳到反转"1"～"5"位置时，触头 AC2、AC4 闭合，接入电动机的三相电源相序改变，电动机将反转。反转的控制过程与正转相似，读者可自行分析。

值得注意的是：凸轮控制器最下面的三对触头 AC10～AC12 只有当手轮置于"0"位时才全部闭合，而手轮在其余各挡位置时都只有一对触头闭合（AC10 或 AC11），而其余两对断开。从而保证了只有手轮置于"0"位时，按下启动按钮 SB1 才能使接触器 KM 线圈得电动作，然后通过凸轮控制器 AC 使电动机进行逐级启动，从而避免了电动机在转子回路不串启动电阻的情况下直接启动，同时也防止了由于误按 SB1 而使电动机突然快速运转产生的意外事故。

 任务准备

实施本任务教学所使用的实训设备及工具材料可参考表 7-3-2 所示。

表 7-3-2　实训设备及工具材料

序号	名　　称	型　号　规　格	单位	数量	备注
1	电工常用工具		套	1	
2	万用表	MF47 型	块	1	
3	三相四线电源	AC3×380/220V、20A	处	1	
4	三相绕线式异步电动机	YZR-132MA-6、2.2kW、380V、6A/11.2A、980r/min；或自定	台	1	
5	配线板	500mm×600mm×20mm	块	1	
6	组合开关	HZ10-25/3	只	1	
7	接触器	CJ10-20，线圈电压 380V、20 A	个	1	
8	熔断器 FU1	RL1-60/25，380V、60A，熔体配 25A	套	3	
9	熔断器 FU2	RL1-15/2，380V、15A，熔体配 2A	套	2	

续表

序号	名　称	型　号　规　格	单位	数量	备注
10	热继电器	JR16-20/3，三极，20A	只	1	
11	按钮	LA10-2H	只	1	
12	凸轮控制器	KTJ1-50/2，50A，380V	只	1	
13	启动电阻器	2K1－12－6/1	台	1	
14	位置开关	LX19-212，380V，5A，内侧双轮	个	2	
15	木螺钉	$\phi3\times20mm$；$\phi3\times15mm$	个	30	
16	平垫圈	$\phi4mm$	个	30	
17	圆珠笔	自定	支	1	
18	主电路导线	BVR-1.5，$1.5mm^2$（$7\times0.52mm$）（黑色）	m	若干	
19	控制电路导线	BVR-1.0，$1.0mm^2$（$7\times0.43mm$）	m	若干	
20	按钮线	BVR-0.75，$0.75mm^2$	m	若干	
21	接地线	BVR-1.5，$1.5mm^2$（黄绿双色）	m	若干	
22	行线槽	18mm×25mm	m	若干	
23	编码套管	自定	m	若干	

 任务实施

一、绕线式异步电动机凸轮控制器控制线路的安装与检修

1．绘制元件布置图和接线图

根据如图 7-3-1 所示绕线式异步电动机凸轮控制器控制线路原理图，请读者自行绘制其元件布置图和实物接线图，在此不再赘述。

2．元器件规格、质量检查

（1）根据表 7-3-2 中的元件明细表，检查其各元器件、耗材与表中的型号与规格是否一致。

（2）检查各元器件的外观是否完整无损，附件、备件是否齐全。

（3）用仪表检查各元器件和电动机的有关技术数据是否符合要求。

3．根据元件布置图安装和固定低压电器元件

当元器件检查完毕后，按照所绘制的元件布置图安装和固定电器元件。在此仅介绍凸轮控制器的安装注意事项。

（1）凸轮控制器在安装前应检查外壳及零件有无损坏，并清除内部灰尘。

（2）安装前应操作控制器手轮不少于 5 次，检查有无卡滞现象。检查触头的分合顺序是否符合规定的分合表要求，每一对触头是否动作可靠。

（3）凸轮控制器必须牢固可靠地用安装螺钉固定在墙壁或支架上，其金属外壳上的接地螺钉必须与接地线可靠连接。

4．根据电气原理图和安装接线图进行行线槽配线

当元件安装完毕后，按照如图 7-3-1 所示的原理图、触头分合表和安装接线图进行板前行线槽配线。

5．电动机的连接

按照电动机铭牌上的接线方法，正确连接接线端子，然后将电动机定子绕组的电源引入线接到接线端子的 U、V、W 的端子上，将启动电阻器接到转子绕组的 K、L、M 端子上；最后连接电动机的保护接地线。

6．自检

当线路安装完毕后，在通电试车前必须经过自检，并经指导教师确认无误后方可通电试车。自检的方法及步骤请读者自行分析，在此不再赘述。在此仅介绍通电试车的操作顺序。

（1）将凸轮控制器 AC 手轮置于"0"位。

（2）合上电源开关 QS。

（3）按下启动按钮 SB1。

（4）将凸轮控制器手轮依次转到"1"～"5"挡的位置，并分别测量电动机的转速。

（5）将手轮从正转"5"挡位置逐渐恢复到"0"位后，再依次转到反转"1"～"5"挡的位置，并分别测量电动机的转速。

（6）将手轮从反转"5"挡位置逐渐恢复到"0"位后，按下停止按钮 SB2，切断电源开关 QS。

二、绕线式异步电动机凸轮控制器控制线路的故障现象、分析及维修

运用前面任务所学的方法自行分析及维修绕线式异步电动机凸轮控制器控制线路的故障。在此仅就凸轮控制器常见的故障进行分析，见表 7-3-3。

表 7-3-3　凸轮控制器故障的现象、原因及检查方法

故障现象	原因分析	检查方法
主电路中常开主触头间短路	（1）灭弧罩破裂 （2）触头间绝缘损坏 （3）手轮转动过快	（1）调换灭弧罩 （2）调换凸轮控制器 （3）降低手轮转动速度
触头过热使触头支持件烧焦	（1）触头接触不良 （2）触头压力变小 （3）触头上连接螺钉松动 （4）触头容量过小	（1）修整触头 （2）调整或更换触头压力弹簧 （3）旋紧螺钉 （4）调换控制器
触头熔焊	（1）触头弹簧脱落或断裂 （2）触头脱落或磨光	（1）调换触头弹簧 （2）更换触头
操作时有卡滞现象及噪声	（1）滚动轴承损坏 （2）异物嵌入凸轮鼓或触头	（1）调换轴承 （2）清除异物

 检查评议

对任务实施的完成情况进行检查，并将结果填入表 7-3-4。

表 7-3-4 任务测评表

序号	主要内容	考核要求	评分标准	配分	扣分	得分
1	线路安装检修	根据任务，按照电动机基本控制线路的安装步骤和工艺要求，进行线路的安装与检修	1. 按图接线，不按图接线扣10分 2. 元件安装正确、整齐、牢固，否则一个扣2分 3. 行线槽整齐美观，横平竖直、高低平齐，转角90°，否则每处扣2分 4. 线头长短合适，线耳方向正确，无松动，否则每处扣1分 5. 配线齐全，否则一根扣5分 6. 编码套管安装正确，否则每处扣1分 7. 通电试车功能齐全，否则扣40分	60		
2	线路故障检修	人为设置隐蔽故障3个，根据故障现象，正确分析故障原因及故障范围，采用正确的检修方法，排除线路故障	1. 不能根据故障现象画出故障最小范围扣10分 2. 检修方法错误扣5～10分 3. 故障排除后，未能在线路图中用"×"标出故障点，扣10分 4. 故障排除完全。只能排除1个故障扣20分，3个故障都未能排除扣30分	30		
3	安全文明生产	劳动保护用品穿戴整齐；电工工具佩带齐全；遵守操作规程；尊重老师，讲文明礼貌；考试结束要清理现场	1. 操作中，违反安全文明生产考核要求的任何一项扣2分，扣完为止 2. 当发现学生有重大事故隐患时，要立即予以制止，并每次扣安全文明生产总分5分	10		
合 计						
开始时间：			结束时间：			

 操作提示

在进行绕线式异步电动机凸轮控制器控制线路的通电检修时，应注意以下问题：

（1）凸轮控制器安装结束后，应进行空载试验。启动时，若手轮转到"2"位置后电动机仍未转动，则应停止启动检查线路。

（2）启动操作时，手轮不能转动太快，应逐级启动，防止电动机的启动电流过大。停止使用时，应将手轮准确地停在零位。

项目测试题

一、选择题（请将正确的答案序号填入括号内）

1. 转子回路串电阻启动适用于（   ）。

    A. 笼型异步电动机   B. 绕线式异步电动机

    C. 串励直流电动机   D. 并励直流电动机

2. 过电流继电器在电路中主要起到（   ）的作用。

    A. 欠电流保护   B. 过载保护   C. 过电流保护   D. 短路保护

3. 三相绕线式异步电动机的调速控制可常用（　　）的方法。

  A. 改变电源频率   B. 改变定子绕组磁极对数

  C. 转子绕组串联频敏变阻器   D. 转子回路串接电阻

4. 三相绕线式异步电动机的转子电路中串入一个调速电阻属于（　　）调速。

  A. 变极   B. 变频   C. 变转差率   D. 变容

5. 转子绕组串频敏变阻器启动的方法不适用于（　　）启动。

  A. 空载   B. 轻载   C. 重载   D. 空载或轻载

6. 频敏变阻器是一种阻抗值随（　　）明显变化、静止的无触头的电磁元件。

  A. 频率   B. 电压   C. 转差率   D. 电流

7. 凸轮控制器是利用凸轮来操作动触头动作的控制器，主要用于控制容量不大于30kW的中小型（　　）的启动、调速和换向。

  A. 笼型异步电动机   B. 绕线式异步电动机

  C. 串励直流电动机   D. 并励直流电动机

8. KTJ1系列凸轮控制器的触头系统共有（　　）对触头。

  A. 6   B. 8   C. 10   D. 12

二、判断题（正确的打"√"，错误的打"×"）

1. 绕线式异步电动机不能直接启动。 （　　）

2. 转子回路串电阻启动仅适用于绕线式异步电动机。 （　　）

3. 要使三相绕线式异步电动机的启动转矩为最大转矩，可以用在转子回路中串入合适电阻的方法来实现。 （　　）

4. 只要在绕线式异步电动机的转子回路中串入调速电阻，改变电阻的大小，就可平滑调速。 （　　）

5. 绕线式异步电动机转子串频敏变阻器启动是为了限制启动电流，增大启动转矩。

  （　　）

6. 凸轮控制器是利用凸轮来操作动触头动作的控制器，主要用于控制容量不大于10kW的中小型绕线转子异步电动机的启动、调速和换向。 （　　）

7. KTJ1系列凸轮控制器的触头系统共有12对触头，9对常开，3对常闭。 （　　）

三、简答题

1. 绕线式异步电动机有哪些主要特点？适用于什么场合？

2. 简述转子回路串电阻启动的原理。

3. 如何调整频敏变阻器？

4. 简述三相绕线式异步电动机转子绕组串联频敏变阻器控制电路的工作原理。

5. 如何安装、调整和检修凸轮控制器？

6. 凸轮控制器控制线路中，如何实现零位保护？

7. 简述绕线式异步电动机凸轮控制器控制线路的工作原理。

参 考 文 献

[1] 冯志坚，邢贵宁. 常用电力拖动控制电路安装与维修. 北京：机械工业出版社. 2012.

[2] 徐铁，田伟. 电力拖动基本控制电路. 北京：机械工业出版社. 2012.

[3] 李敬梅. 电力拖动控制电路与技能训练. 4 版. 北京：中国劳动社会保障出版社. 2007.

[4] 杨杰忠. 电气基本控制电路的安装与检修. 北京：清华大学出版社. 2014.

[5] 王兵. 常用机床电气检修. 北京：中国劳动社会保障出版社. 2006.

反侵权盗版声明